奥妙科普系列丛书

全彩版

DISCOVERY

让青少年着迷
的科普书
彩图珍藏版

发明发现大揭秘

安立珍◎编著

U0727617

吉林出版集团股份有限公司 · 全国百佳图书出版单位

图书在版编目 (CIP) 数据

发明发现大揭秘 / 安立珍编著 . -- 长春：吉林出版
集团股份有限公司，2013.12（2021.12 重印）
（奥妙科普系列丛书）
ISBN 978-7-5534-3924-2

Ⅰ . ①发… Ⅱ . ①安… Ⅲ . ①创造发明—世界—青年
读物②创造发明—世界—少年读物 Ⅳ . ① N19-49
中国版本图书馆 CIP 数据核字 (2013) 第 317272 号

FAMING FAXIAN DA JIEMI

发 明 发 现 大 揭 秘

编　　著：安立珍
责任编辑：孙　婷
封面设计：晴晨工作室
版式设计：晴晨工作室
出　　版：吉林出版集团股份有限公司
发　　行：吉林出版集团青少年书刊发行有限公司
地　　址：长春市福祉大路 5788 号
邮政编码：130021
电　　话：0431-81629800
印　　刷：永清县晔盛亚胶印有限公司
版　　次：2014 年 3 月第 1 版
印　　次：2021 年 12 月第 5 次印刷
开　　本：710mm×1000mm　　1/16
印　　张：12
字　　数：176 千字
书　　号：ISBN 978-7-5534-3924-2
定　　价：45.00 元

前言

Foreword

当生命的痕迹开始在地球上出现，当人类文明开始薪火相传，就注定人类对未知世界的探寻，无穷无尽，永无止息。作为地球上高等智慧的人类，探知世界既是责任又是义务。从最初火的出现，人类开始认识到自然中的神奇力量，到人类开始把视线落在未知的他方，去探寻远方，探寻同类，再到科学技术蓬勃发展，使人类社会处于日新月异的更替之中……人类以其勇敢、坚韧、执着的精神完成自己认知世界、认知自身的使命。如今，地球已经成为一个人类彼此相亲相近的"地球村落"，宇宙也正渐渐揭开它神秘的面纱，工业社会的发展带来的科技创新早已使人类生活更加丰富多彩。现在，就让我们踏上人类发明发现之旅，探索奥秘，感受神奇，继承精神，不断开拓，更加创新。

目录

第二章 探索宇宙的奥秘

目录

第四章　改变人类生活的发明

目录

迈向新大陆的脚步

人类的目光一直望向远方，那些遥远而且未知的地方，总是充满着神奇的诱惑。从15世纪开始，欧洲各国陆续展开了海上探险之旅，纷纷开辟海上航线，从挪威的埃里克发现格陵兰岛，到南极洲的发现，都离不开人类天性中探索未知的强烈渴望和征服欲望。当这些渴望和欲望要付之行动时，必然是一番惊心动魄的探险之路。我们就跟随这些勇士们，一起展开探索新大陆之旅吧！

■ Part1 第一章

发现**格陵兰**

格陵兰岛是世界上最大的岛屿，它最初是由一名被驱逐的挪威罪犯发现的，他将岛屿命名为"绿色的土地"。在它的身上，有多少神奇之处呢？

■ 埃里克和格陵兰岛

很久以前，有一名叫埃里克的挪威人，他犯下重罪被驱逐出境。当他带着一家老小，开始自己的逃亡之路时，感到前途渺茫。毕竟一个被剥夺了公民权利的杀人犯，是没有什么前途可言的，他只能带着家人乘着无篷船一路向西而去。

但是，老天还是眷顾了埃里克，他发现了一个有着水草地的岛屿，惊喜万分的他给岛屿命名为格陵兰岛。这个在丹麦语中为"绿色的土地"的名字竟然使得许多人慕名而来。从那时开始，这个岛屿就出现了另一番生机勃勃的景象。

❖ 格陵兰岛胜景

岛屿的地理特征

格陵兰岛东临北冰洋，所以那里的海岸目之所及都是冰块，环境的恶劣程度可想而知。格陵兰岛中部也是常年冰封的冰原，方圆上百千米少有植被，但每到夏天，走在海岸，我们除了能看到黄色的罂粟花和紫色的虎耳草之外，还能看到葱绿的山地桦和桦树。差距如此巨大的气候，正是由于格陵兰岛南北地区之间纵深太过辽阔造成的。

❖ 格陵兰岛胜景

格陵兰岛上的生物

格陵兰岛大部分处于北极圈之中，所以常年寒冷。除岛屿的西部和南部生长着低级的孢子植物——地衣和苔藓之外，其余地区几乎都没有绿色植被。岛屿上的因纽特人会在东南部较深的峡谷中放牧，因为那里生长着一些灌木丛和草地。另外，岛上也有一处"森林"，在岛屿南部的一个深谷里，有几棵三四米高的白桦树和柳树。除了这些植物使格陵兰岛有了生机之外，还有一些动物也定居于此。比如北极熊、狼、北极狐、北极兔、驯鹿、麝牛、旅鼠和雷鸟等，而岛屿濒临的水域中，水产颇丰，海豹、鲸、鳕鱼、鲑鱼和比目鱼等自由地生活在这片蓝色的海域。

❖ 格陵兰岛的驯鹿

美丽的极光

在 10 月份时，仰望格陵兰岛的夜空，你会看到极光现象。这些极光样式不一，有的极光像舞者手中翻飞的丝带，有的像细而轻盈的丝线，有的夜晚又仿佛看到红色的潮流汹涌而来，而最美丽的极光宛如蝴蝶，在夜空中多彩翩跹。如此精彩变幻的夜空，简直就是大自然对格陵兰岛的偏爱。除了 10 月的极夜现象，太阳懒懒地不再出现在天空；5 月份的格陵兰岛又到了极昼时期，因此又能看到不落的太阳。

知识小链接

格陵兰岛被称为地球上第二个"寒极"，85% 的地面上都覆盖着冰川和冰山，岛上冰的总容积是惊人的，更惊人的是如果这些冰全部融化，地球上所有的海面会升高将近 7 米。不过，格陵兰岛上的这些冰块既洁净，纯度又高，含有丰富的气泡，是一种很好的冷饮剂。

风暴角——好望角

这是一片终年海浪滔天的海域，这片海域海难频频，被称为"船员的坟墓"，它在300年的时间里曾是东西方的海上要塞，它是哪里呢？

迪亚士发现好望角

为了寻找非洲大陆的最南端，葡萄牙国王派遣航海家迪亚士踏上探险之旅。迪亚士一行人于1487年8月踏上征程，沿非洲西海岸南下，驶往印度洋。行进到南纬33°左右时，船只由于突遇风暴而无法前进。迪亚士决定，等到风浪平息后，调整航向向东。虽然调整了方向，却仍没有发现非洲西海岸。因此，迪亚士再次调整方向，一路向北。皇天不负有心人，一行人终于发现了一个海湾（今南非的莫塞尔湾）和沿海湾的

◆ 走近南非好望角

一条东西走向的海岸线。行到此处，船员已筋疲力尽，毫无向前之心，因此，队伍返航。不料，这一行人再次遇到狂风怒浪，经过两天的搏斗，他们才逃脱出来。原来，船只那时正行经一处岬角，这处岬角使迪亚士心有余悸，所以将岬角起名"风暴角"。等他们回程向国王陈述探险经历时，国王期望能绕过这个海角到达富庶的东方，于是将其命名为"好望角"。

风暴之角

　　沿南非的开普敦半岛，一路向南 60 千米，会发现一块向大海突出的夹角状的陆地，这里就是好望角。它位于大西洋和印度洋的交汇处，非洲大陆由此向西南方向延伸入海。从 15 世纪航海家迪亚士发现这里开始，到 1869 年苏伊士运河开通之前，这里一直是西欧各国通往东方的海上交通要道。这里的气候终年恶劣，一年之中将近半年的时间都是海浪

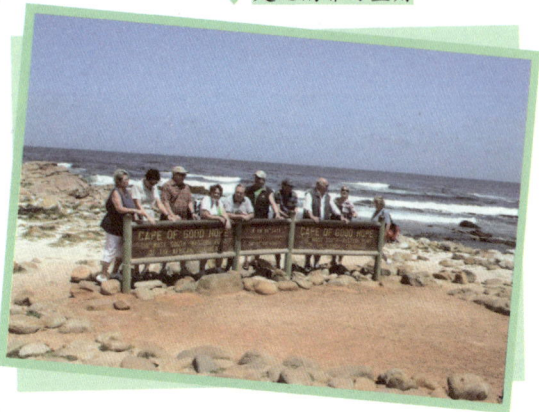

❖ 走近南非好望角

滔天，而其余的半年时间中，最小的海浪也足足有两米来高，而遇到西风猛吹时，浪头高达 6 米～15 米，因此，来往的船只经常发生海难，所受的损失不可计数。好望角，本意为"美好希望的海角"，但却因此又被人们称为"船员的坟墓"。

❖ 好望角

❖ 美丽的好望角

风暴从何而来

好望角滔天的巨浪，一直是困扰科学家的难题。一位美国科学家研究发现，当洋底的水流方向与来往船只行驶方向一致时，船只本身的行进力量再加上洋底的水流推动力，会使船只的行进速度过快而无法控制，从而导致船只罹难，这是"海流说"；而好望角位于印度洋和大西洋交界之地正是西风盛行之地，因此又有科学家持"西风带说"，他们认为，特殊的地理位置使这里飓风巨浪常年横行，海难频频。

黄金要塞

自迪亚士发现好望角之后，这条航线声名大噪。在苏伊士运河开通之前，这是西方和东方之间唯一的海上交通要塞，即使在运河开通之后，仍发挥着不可替代的重要作用。根据统计表明，迄今为止，西欧各国石油的75%、战略原料的70%，还有25%的粮食仍需要经好望角运送。

Part1 第一章

达·伽马开辟新航线

从14世纪开始的海上航线开辟过程中，葡萄牙对世界航海史的贡献可以说是功不可没，因为他们拥有伟大的航海家——达·伽马。

达·伽马简介

◆ 瓦斯科·达·伽马

曾任锡尼希城堡司令官的葡萄牙贵族埃斯特沃·达·伽马，在1460年有了一个儿子。虽然孩子出生时，家境已经开始没落，但父亲对儿子瓦斯科·达·伽马仍寄予厚望，曾让孩子学过航海和数学，而这些为达·伽马以后的航海事业打下了基础。当时，欧洲各国已经展开各自的海上征服之路，并且陆续有喜讯传来，比如哥伦布发现新大陆。葡萄牙国王曼努埃尔一世也跃跃欲试。由于达·伽马曾于1492年出色地完成海上劫掠法国船只的任务，曼努埃尔一世就把目光落在他的身上。又经过一番观

知识小链接

新航线的开辟，使得东方一系列珍贵物品在西欧各国亮相，东方各国的香料、丝绸、黄金宝石，引来阵阵唏嘘，这些珍品一方面彰显出东方文明的独特魅力，另一方面也引起殖民者对东方各国更多的觊觎。于是，在1502年和1524年，达·伽马又分别开始了他的第二次和第三次通往东方的海上航程，最终病死在第三次征途之中。

察之后，1497 年，远征印度的指挥官就是瓦斯科·达·伽马。

探险之路

经过一番充分准备之后，1497 年 7 月 8 日，达·伽马从里斯本的雷斯特洛出发，开始了他的探险之旅。这支探险队伍由 170 多人组成，他们分乘 4 艘舰船浩浩荡荡驶向大海。一行人到达佛得角群岛时，距离出发已经有 18 天了。三个月后，他们又到达圣赫勒拿湾，此时，好望角近在眼前。而抵达好望角的时间是 1497 年 11 月 19 日，这个风暴之角以狂烈的风暴展开了对这支探险队伍的"欢迎"，船队齐心协力奋战了 72 个小时，才冲出了这个"坟墓之地"。他们果断调整航线，沿非洲东部海岸向北前进。第二年 5 月 20 日，船队胜利抵达印度，在印度南部的卡利卡特登陆，停留将近三个月，于 8 月底返航。1499 年 1 月 8 日，达·伽马返回葡萄牙，到达马林迪。这一次伟大的探险得到国王的肯定，达·伽马因此获得国王授予的贵族称号。

❖ 瓦斯科·达·伽马

恶魔达·伽马

在达·伽马受命接受第二次航行任务的时候，他本来和基尔瓦立下盟约，互不相扰，可再次途经该地的时候，被经济利益蒙蔽头脑的达·伽马，突然狂性大发，扣押了基尔瓦的埃米尔，想迫使他对葡萄牙俯首称臣。甚至还有一次，达·伽马用熊熊烈火焚

烧了他所捕获的商船上的所有船员，甚至连妇女儿童都没有放过。这些事情，使人们感到达·伽马十分狂横残暴。

伟大的新航路

新航线的开辟，对东西方诸多国家都造成了巨大影响。一开始，出于经济利益角度的考虑，新航线可以到达印度的消息一直被葡萄牙封锁，因此，葡萄牙占据了海上贸易重要位置。从葡萄牙里斯本出发，可以去印度等国掠夺珍稀资源，所以，这里成为西欧商人和传教士以及冒险家的圣地。新航线使西方殖民者可以更疯狂地掠夺他国财富，而东方人民却因新航线而陷入了深重的灾难之中。

❖ 1497 年 7 月 8 日达·伽马首次远航

■ Part1 第一章

哥伦布与新大陆

有一个人曾经四次横渡大西洋，航行目的地原本是印度，结果却发现了美洲大陆，而这次发现，又为世界历史带来什么变化呢？

热爱航海的哥伦布

1451年出生的克里斯托弗·哥伦布，十分推崇到达东方的马可·波罗，从小立志要成为到达东方的航海家。哥伦布信奉"地圆说"，他相信一路向西航行就可以到达东方。为了实现自己这个理想，哥伦布不断寻求各方资助，最终，在1492年的时候，西班牙女王看中他的才华，与他签订协议，促成了他探险之路的开始。在这些协议中，哥伦布被授予"海上大将"，同时对所发现的岛屿陆地拥有管理权限，还可以抽取这些地方部分经济利益。如此丰厚的协议约定，使得哥伦布信心满满，开始了自己的海上冒险之旅。

◆ 1893年芝加哥世博会纪念哥伦布"发现新大陆"400周年

向大西洋前进

哥伦布于 1492 年开始了他的第一次海上探险。这一年的 8 月 3 日，哥伦布带着女王写给中国皇帝的国书，在西班牙西南海岸的帕洛斯港，率领三艘上百吨的帆船，扬帆向西远航。航行将近两个来月之后，哥伦布陆续发现了几个小岛，他以为自己已经到达了自己向往中的印度、中国和日本，而这三个被误认的岛屿只是巴哈马群岛中的几个小岛而已。第二年 3 月 15 日，在西班牙人民的夹道欢迎之下，哥伦布返航，回到自己的出发港口。这次航行有着划时代的意义，因为这是人类第一次横渡大西洋的成功航行，象征着人类大航海时代的开端，而哥伦布在航行过程中掌握了丰富的航海经验，为他以后陆续展开的海上探险直至发现新大陆打下了基础。

1492 年哥伦布从欧洲到达美洲

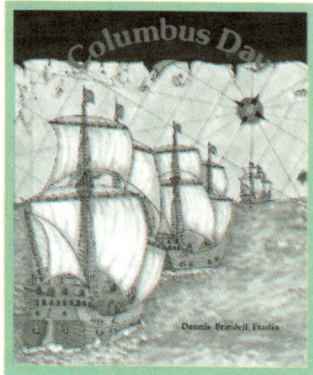
❖ 哥伦布

发现美洲

第一次横渡大西洋的成功，极大地鼓舞了西班牙王室对海上贸易之路的热情，因此，他们继续资助哥伦布展开探险之旅。哥伦布陆续展开三次向西航行之旅，成功登陆了美洲海岸。但哥伦布一直以为自己到达的是印度——自己一生航海事

❖ 哥伦布在海地岛

业的梦想之地，并不知道自己所发现的新大陆，其实是美洲。而他登陆的意义，代表的正是欧洲殖民势力开始崛起于世界之林。只是这块由哥伦布发现的新大陆，以证明它是新大陆的航海家亚美利哥的名字来命名，叫亚美利加洲，又称美洲。

划时代的影响

新大陆的发现，对世界历史的影响可以说是划时代的。因为那时的欧洲人口过盛，同时又急切追逐经济利益，新大陆的发现可以说是解决了这两个燃眉之急。于是，欧洲殖民者展开了对美洲大陆 ◆ 克里斯托弗·哥伦布 的疯狂占领和资源掠夺，这些占领和掠夺，对美洲大陆原有的印第安文明产生了破坏，而矿藏资源和原材料的掠夺更加剧了这些文明的毁灭。总而言之，新大陆的发现是世界历史中的重大事件，海外贸易的路线从此开始由地中海转移到大西洋沿岸。西方各国借此走出了中世纪的黑暗，经济得到急剧发展，几个世纪后成为海上霸主。

知识小链接

哥伦布在 1492 年到 1502 年期间，四次横渡大西洋，并发现美洲大陆，是一位伟大的航海家。而中国明朝的郑和从 1405 年开始，已经先后七次下西洋。其中，1421 年第六次下西洋中就被人认为已经发现美洲大陆。可以说，正是由于这些航海家勇敢的探索精神，使得人类对世界的认知越来越清晰，世界历史的发展也因此变得丰富曲折。

Part1 第一章

麦哲伦的环球探险之旅

作为一个伟大的航海家，作为一个从小立志于航海事业的勇士，麦哲伦发起的第一次环球航行同样对世界航海史做出了重大贡献。

麦哲伦简介

❖ 麦哲伦

菲迪南·麦哲伦于 1480 年出生在葡萄牙一个没落的贵族之家，年轻时就对航海事业产生兴趣，他从 25 岁开始，就参加了国家海外远征队，先后跟随远征队到达过印度、马六甲、马来群岛等，虽然曾三次受伤，但却积累了丰富的航海经验，这些经验使他迫切地想展开自己的海上探险之旅。由于得到了西班牙国王的支持，麦哲伦放弃了自己的葡萄牙国籍，开始了自己的环球航行。纵观麦哲伦一生，无论是环球航行，还是在其航海事业中的出色表现，都在世界航海史上做出了巨大贡献。

第一次环游世界

1517 年，麦哲伦得到了西班牙国王的支持，在第二年 3 月，他的远征计划才得到批准，并且得到了优厚的协议，比如他和他的后代可以管辖治理在航行过程中发现的新领地等。1519 年 9 月，西班牙塞维利亚港，麦哲伦率领

270 人分乘 5 艘帆船正式启程。他们首先穿越大西洋，又经过南美洲火地岛，来到了一处寒冷多雾，风浪猛烈的海峡，因为麦哲伦第一个穿过这个海峡驶向太平洋，所以这个海峡被命名为麦哲伦海峡。随后，历尽艰辛的一行人又来到菲律宾群岛，与当地人发生激烈冲突。麦哲伦一心只想为国家扩展殖民地，不想却命丧此地。随后，他的船队继续向西航行，历经三年之久，直到 1522 年 9 月，这次环球航行才得以完成。

麦哲伦命丧宿务岛

麦哲伦并未完成这次环球航海之旅，而是死在旅途之中。那是在 1521 年 3 月，麦哲伦一行人经过马里亚纳群岛中的关岛，他没有按计划前往香料群岛，而是在宿务岛登陆，麦哲伦与岛上的首领协商，让他们承认附属于西班牙王国。事情本来发展得还算顺利，只是在一次当地人的内讧之中，麦哲伦出于殖民主义目的，横加干涉，引起彼此之间的冲突，岛上的人们开始攻击他们，就在这一次事件中，麦哲伦遭到杀害。

麦哲伦海峡

在麦哲伦环球航行过程中，船队于 1520 年 10 月行进到南美洲的最南端，从而发现了由大西洋通往太平洋的海峡——麦哲伦海峡。这段海峡类似一个直角，海岸也颇为曲折，风高浪急，雾气弥漫，人迹罕至，不利于航行。

❖ 麦哲伦船队航行图

■ Part1 第一章

白令与白令海峡

白令海峡以探险家维图斯·白令的名字命名，他本想为彼得大帝绘制俄国太平洋沿岸的地图，却为人类探险史留下了浓墨重彩的一笔。

关于白令海峡

白令海峡是一名叫维图斯·白令的丹麦探险家发现的。白令海峡是连接亚洲和北美洲的一段海域，同时还贯通着北冰洋和太平洋，地理位置非常重要，是水上的交通咽喉之地。因为海峡都是连接两块陆地之间的狭窄水道，所以大都水深浪高，而白令海峡接近北冰洋，恶劣情况更是可想而知。白令海峡长60千米左右，宽35~86千米，平均水深42米左右，至白令到达前，上百年来没有船只航行到此。

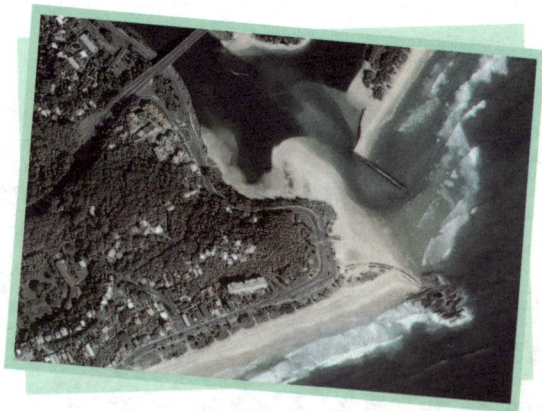
❖ 白令海峡

关于维图斯·白令

白令海峡的发现者——维图斯·白令，于1703年来到俄国海军服役。1724年，意欲扩张版图的彼得大帝想知道欧亚大陆的海岸情况，毕竟此时整

❖ 空中俯视白令海峡

个西伯利亚都划归自己囊中，于是，他想找人来完成这件事情，而接到这个命令的正是维图斯·白令。1681 年出生在丹麦的他参加过荷兰海军，到著名的海军学校学习过，并且参加过远渡印度的航行，在这些经历中白令都表现出出色的航海水平和坚忍勇敢的精神。所以，他得到彼得大帝的这项任务，也是众望所归。

知识小链接

维图斯·白令不仅穿越了白令海峡，也是第一个穿越北极圈和南极圈的人。他发现的白令海峡在世界地理上同样起着重要作用，白令海峡连接两洋——太平洋和北冰洋，两大洲——亚洲和北美洲，两个半岛——阿拉斯加半岛和楚克奇半岛，两国——俄罗斯和美国，因此，意义非凡。

穿越白令海峡

白令于 1725 年开始了他的探险之旅。他们首先到达了西伯利亚东面的勘察加半岛，在那里进行了一些筹备工作。在准备充分之后，白令一行人于 1728 年驾驶着"圣加夫利拉"号探险船再次启程，一路向北。一连几周的大雾天气之后，他们的探险船来到了一条浓雾弥漫的水道，这条水道位于西伯利亚和阿拉斯加之间，但白令并不知道自己穿越而过的是一条从未有人出现过的水道，反认为自己无功而返。

❖ 白令海峡的捕鱼生活

命丧白令岛

维图斯·白令的第二次探险之旅开始于 1741 年，同样是探险北美洲，船队由"圣彼得"号和"圣保罗"号组成，分别由白令和奇里科夫指挥，6 月出发，7 月到达北美洲。不料，整支船队竟被败血症困扰，探险之路无法继续，所以决定就此返航。祸不单行，船队又迷失了方向，船只由于触礁，破坏巨大，无奈之下，只好就近靠岸上小岛，等待救援。困境一直持续到 1741 年 12 月 6 日维图斯·白令逝世都未能解围。后来，维图斯·白令去世时所在的岛屿就以白令命名；另外，还有一处海域被命名为白令海，即阿留申群岛以北、白令海峡以南的海域。这些都表现出世人对维图斯·白令的纪念和敬仰。

❖ 白令海峡

Part1 第一章

探秘**尼罗河**源头

尼罗河是灌溉埃及文明的母亲河，它由南向北穿过非洲大陆，长达将近 7000 千米的长度使人总想探寻——河的源头在哪儿？

埃及的母亲河

在漫长的人类文明发展过程中，由于尼罗河源头处的季风气候，导致河流洪水泛滥，浑黄的河流冲破河坝，四处流散。本是灾害性的破坏，却又给生活在下游的埃及人民带来了生机，因为河流中冲荡着丰富的有机物，洪水咆哮过后，这些河流中的有机物沉淀在洪水之后的淤泥中，

❖ 尼罗河

从而土壤土质肥沃，并给以种植业为主的埃及人民带来连年丰收。因此，尼罗河两岸的文明进程得以绵延，生生不息。所以，如果没有尼罗河，也就没有灿烂的古埃及文明。

❖ 尼罗河

❖ 尼罗河

最长的河流

俯瞰金色的埃及大地，除了座座威武矗立的金字塔之外，人们的视线还会被一条墨绿的彩缎所吸引，它就是尼罗河。长度接近7000千米的世界上最长的河流，蜿蜒在非洲东北部大陆之上。尼罗河发源于非洲中部的埃塞俄比亚高原，由三条支流——卡盖拉河、白尼罗河、青尼罗河交汇而成，一路向北，流经坦桑尼亚、乌干达、苏丹，最后从埃及流进地中海。

知识小链接

> 尼罗河是一条古老的河流，它在地球上已有6500多万年之久。尼罗河不仅为埃及人民提供了衣食的保证，并且还灌溉出灿烂辉煌的古埃及文明。曾经在埃及出土过一艘公元前4700年的古船，这种古船甚至可以穿越大西洋。同时，埃及人在公元前2500年期间发明的文字，更是推进了人类历史文明的进程。

尼罗河源头在哪儿

自古以来，人们一直在寻找尼罗河的源头究竟在哪里。在经过几个世纪的探寻之后，英国探险家约翰·汉宁·斯皮克与朋友一起在1858年的探险中，发现一个大湖，被他判断为是尼罗河的源头。欣喜之余，他以当时英国女王的名字命名——维多利亚湖。他的看法却引来不同的声音，一起同行的理查德·弗朗西斯·伯顿就不赞成。两个人不同的看法甚至引起了整个科学界的关注，同时，更多的探险家也开始关心这个问题了。

❖ 美丽的埃及尼罗河

不畏艰险的寻觅

8年之后，英国另一位著名的探险家戴维·利文斯通对尼罗河的源头产生浓厚兴趣，想一探究竟。戴维·利文斯通一向喜欢探索神奇的自然奥秘，他陆续发现了赞比西河和维多利亚瀑布。虽然每次探险之路都充满无数的艰辛，甚至生命都常常受到威胁，可大自然神秘而未知的魅力却总是一次又一次吸引着他。终于，在1873年，一路勇敢前行的戴维·利文斯通终于同尼罗河的源头会晤了。此时，距离他出发时已经过去了整整7年，当他站在东非大裂谷的大湖地区时，心潮澎湃，感慨万千。

❖ 尼罗河

Part1 第一章

发现**澳大利亚大陆**

在 2 世纪开始，人们就开始猜想在南半球的茫茫海洋中，一定有不为人知的南方大陆存在，并为此而展开了探访之路。

未知的澳大利亚大陆

❖ 澳洲悉尼

最早提出猜想的是古希腊地理学家托勒密。在他的猜想中，赤道和南极之间，应该有一块南方大陆存在，是它保持了南半球与北半球的平衡，他甚至还把自己的猜想绘制成地图。在随后的发展中，陆续有人和托勒密的猜想保持了一致，比如法国的制图学家奥尤斯·菲纳、荷兰地图学家麦卡托和奥特利乌斯，他们分别在自己绘制的世界地图中，保留着这块南方大陆。随着航海技术的发展和日益成熟，这块充满未知的大陆挑动了无数探险家敏感的神经。

塔斯曼的探访

荷兰航海家阿贝尔·塔斯曼接到探测这块未知大陆的命令后，于 1642 年 8 月向着茫茫大海启程。在 1642 年 11 月，塔斯曼陆续发现了植被繁茂的陆

❖ 澳洲悉尼风景

地，分别命名之后，塔斯曼继续航行。塔斯曼发现并且命名的陆地分别是现在的塔斯马尼亚岛、新西兰、汤加和斐济。而塔斯曼并不知道，他的这次航程其实已经绕了澳大利亚半周，只是不曾登上这片土地罢了。他的航行，陆续激发了不少后来人。终于有一天，一个叫库克的船长受英国遣派而来……

❖ 大堡礁——澳大利亚

库克船长的登陆

　　澳大利亚近代历史的发展和一个名叫詹姆斯·库克的航海家分不开，因为他是第一个登上澳大利亚大陆的英国人。库克的发现，使澳大利亚在很长一段时间之内成了英国流放犯人之地。库克船长是从1768年开始的航程，他一路西行，经过好望角之后，转入到茫茫的太平洋之中。第二年的4月，登陆达塔希提岛，6月，航向新西兰。紧接着，库克开始了对澳大利亚东部海岸的考察，通过了解地理、气候以及动植物情况，他得出结论，这里可以居住。于是，库克船长将这里命名"新南威尔士"，并宣布这里属于英国。随后，库克船长于1771年返回英国。

澳大利亚的生物资源

这块茫茫大洋之中的陆地上，生活着12,000种植物，其中9000个品种是这里所特有的。动物资源更是有别于其他国家，比如有袋类动物，全世界中的大部分都生活在澳大利亚。我们所熟悉的大袋鼠、树袋熊和鸭嘴兽等，它们仅生活在澳大利亚。可以说，澳大利亚为世界物种多样化提供了合适的生活环境。那么，为什么这里拥有如此众多的稀有物种呢？因为澳大利亚自古以来就独立生活在大洋之中，自然条件单一，致使动物的演化过程非常缓慢。正因如此，澳大利亚才有了"世界活化石博物馆"之称。

知识小链接

澳大利亚除了拥有树袋熊（考拉）、袋鼠和鸭嘴兽这些可爱的动物之外，还有一处非常美丽的珊瑚礁群岛——大堡礁。大堡礁是世界七大自然景观之一，是世界上最大最长的珊瑚礁岛。这里有上千个岛屿，乘船而过时，可以看到水下多彩缤纷的珊瑚景色，同时还能看到将近6000种海洋生物穿行其中。如此磅礴的美丽之地，却只是由珊瑚虫"建造"而成的。

◆ 澳大利亚悉尼风景

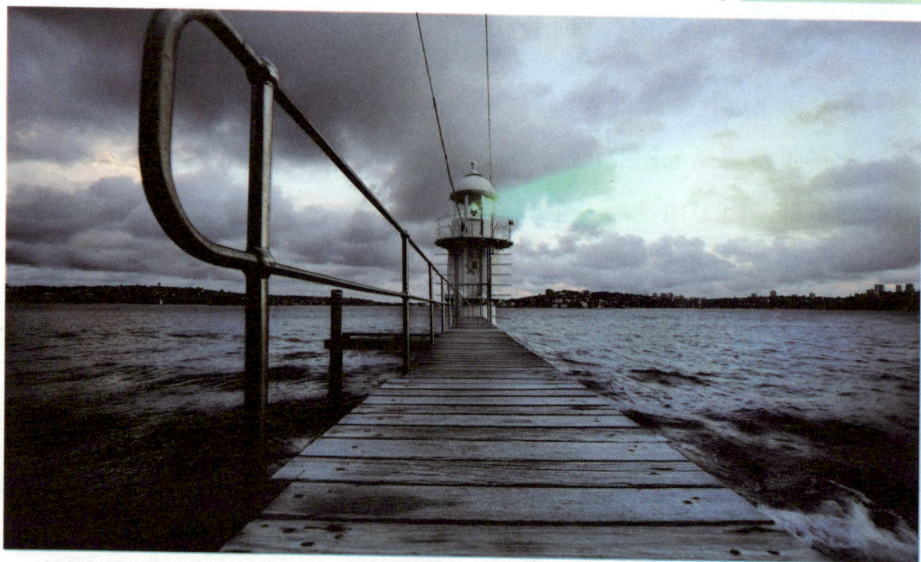

最大的独块岩石——艾尔斯岩

在澳大利亚中心，有一块据说是澳大利亚灵魂的独块岩石。它吸引着全世界的目光，不只因为它的巨大，还因为它能自行变色。

艾尔斯岩简介

行进在澳大利亚茫茫的荒原之中，到中部沙漠地区时，会看到一块巨兽一样的独块岩石威武地横卧其中。由于地域开阔，人们在上百千米之外，都能看到它。它就是艾尔斯岩，是发现人以当时南澳大利亚总理亨利·艾尔斯的名字命名的。3000米左右的长度，2000米左右的宽度，以及9000米的基围，340米的高度，绝对称得上是世界上最大的石头。上万年的水流冲刷，使艾尔斯岩有了很多的沟渠和岩洞，最深的已有6米。雨水一来，飞瀑群起，堪称奇观。

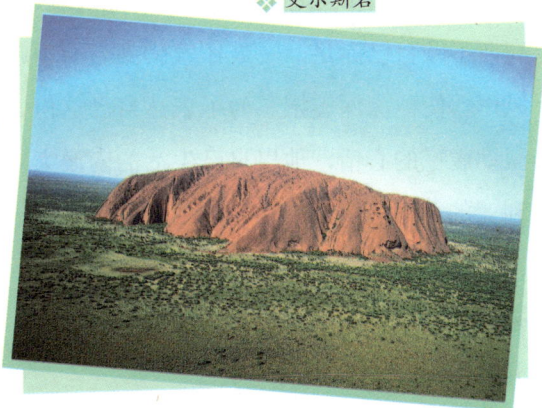
❖ 艾尔斯岩

高斯的发现

艾尔斯岩矗立在澳大利亚大陆亿年之久，一直到1873年才走进人们的视野。这一年，一位来自南澳大利亚的探险家威廉·克里斯蒂·高斯在完成他

❖ 艾尔斯岩

穿越澳大利亚沙漠之旅的路上，突然发现这块威武的巨石，吃惊得不敢相信。高斯不顾自己赤足，一鼓作气爬到岩石顶端。开阔无边的视野和呼啸耳边的风声，使他深深震撼。为了表达自己这份激动震撼的心情，他以自己生活的南澳大利亚的总理名字来命名这块岩石——艾尔斯岩。因为高斯的发现，越来越多的人前来艾尔斯岩观光旅游，而现在，这里已经开辟为国家公园。

"变色"岩石

艾尔斯岩为世人称道之处，不仅仅因为它是世界上最大的独块岩石，更是因为它能"变色"。比如早上，岩石是浅红

知识小链接

艾尔斯岩又有"人类地球的肚脐"之称，并且还是"世界七大奇景"之一。它体积虽然巨大，但却是一块独块岩石。根据科学家推测，艾尔斯岩是在地壳运动中，阿玛迪斯盆地被向上推挤形成大片岩石，最终成型要追溯到3亿年前，又一次的地壳运动将这块石山推出海面。亿万年的风雨沧桑过后，成为我们现在所看到的艾尔斯岩。

色，中午会变成橙黄色，傍晚时又会变作深红色或者紫色，如果傍晚时有雨，还会有彩虹挂在岩石顶，就像五彩的镶边。到了夜晚，繁星璀璨之时，岩石又会变成黄褐色。之所以呈现出五彩的颜色，是因为艾尔斯岩中含有丰富的金属铁，而铁又最容易和空气中的氧气发生化学反应，形成的反应物会使岩石在不同的时间段里呈现出缤纷的色彩。

❖ 艾尔斯岩

澳大利亚的灵魂

艾尔斯岩位于澳大利亚的中心，是澳大利亚灵魂的象征，自古以来就是人们心中的神石。在当地古老的传说中，这块神石是祖先用来庇佑子孙的，而生活在岩石周围数万年的土著人，更是奉艾尔斯岩为圭臬，依据巨石颜色的变化来安排生活和农事。在他们看来，是自己的祖先创造了山川河流，而作为创造者的后人，他们就是维护者和传承者。在神石庇佑之下，诞生了灿烂的阿南古文化，这些文化使世界历史更为丰富多彩。当你走近艾尔斯岩，走进艾尔斯岩一个一个岩洞，会看到古老文明留下的踪迹，尤其是绘画和岩雕，虽历经万年，仍生动地展现出当地土著人的文明和时代传奇。

Part1 第一章

发现新西兰岛

新西兰岛作为地球上最后一块被发现的岛屿，人们赞誉说，天堂就是按照新西兰的样子设计的，那么关于新西兰又有多少传奇呢？

最年轻的国度

❖ 新西兰南岛

新西兰岛是最后走进人类视野的岛屿，所以说，它是地球上最年轻的国度。有句话说"上帝先创造了新西兰，然后再按照新西兰的样子创造了天堂"，如此神奇的地方，最早是被谁发现的呢？一般有三种观点：一种认为是荷兰航海家阿贝尔·塔斯曼，他在1642年发现新西兰南岛西海岸；另一种认为是英国探险家詹姆斯·库克，因为他于1769年发现新西兰东海岸；而对新西兰进行考察过多次的贝尔，却认为中国人早在2000年前就已经登陆。之所以这样说，是因为贝尔先生在新西兰南岛发现了30个中国

知识小链接

新西兰国旗上的左上方是英国国旗，因为新西兰是英联邦成员国；国旗的四颗排列不均的星星代表南十字星座，表明自己国家位于南半球。新西兰的国花是银蕨，在当地的传说中，银蕨本在海洋之中，后来受邀来到新西兰，担负着指引毛利族人民的使命。而在现实生活中，确实可以依靠银蕨银光闪闪的背面来指示方向。

人遗址，尤其是在克赖斯特彻奇的博塔尼克公园。贝尔发现那里曾经存在过一座有 4000 名居民的中国城堡，由此，他认为克赖斯特彻奇是中国人设立在南岛的首都。无论哪种观点，都从时间角度上确认了新西兰的年轻。

❖ 新西兰南岛风光

新西兰首都

关于新西兰首都惠灵顿，有着很多的名头，比如"世界上最南端的首都""风城""库克海峡咽喉之地"，以及新西兰第二大城市，新西兰交通枢纽和文化中心。新西兰分为南岛和北岛，而首都惠灵顿在北岛的最南端，

❖ 新西兰岛

这里常年鸟语花香，绿草如茵，是有名的旅游胜地。惠灵顿三面环山，一面靠海，所以，海风频频惠顾，故此称为"风城"。惠灵顿的人文景观也很有特色，比如议会大厦和总督府都带有明显的英国维多利亚风格，还有木式建筑的圣保罗大教堂。另外，因为四季如春，所以很多以植物为主题的公园都别具魅力，特别值得一提的是诺威多蔷薇公园。

汤加里罗公园

新西兰另一个有代表性的国家公园——汤加里罗公园，是新西兰最著名的火山公园，三座拔地而起的山峰：汤加里罗火山、瑙鲁霍伊火山、鲁阿佩胡火山，构成了这里独特诱人的景观。

南半球滑雪胜地

新西兰的滑雪场主要集中在高纬度的南岛。作为南半球著名的滑雪胜地，人们纷纷来到南岛的皇后镇、基督城和瓦纳卡，以及北岛的鲁阿佩胡火山。因为滑雪而带来的经济利益又促进了滑雪市场的进一步扩大，除了开发滑雪和滑板旅游之外，这里还有更为新奇的旅游项目，比如狗拉雪橇、有向导陪同的雪地靴行走、滑坡雪轮，以及乘坐高空飞索、滑雪飞机等。如果你兴趣大发，想去观看那些又壮观又不容易靠近的地方，比如新西兰最高峰库克山，就可以乘坐直升机来次"观景之旅"，飞行在高空之上，俯瞰连绵的冰川、雪地和群山，感觉一定与众不同。

❖ 新西兰南岛风景

Part1 第一章

发现复活节岛

复活节岛是一个神秘的太平洋岛，岛上有着成群的摩艾石像，有着"会说话的木板"，所有这些，都成就了它的与众不同。

暗红色巨石雕像

复活节岛有三座火山，没有河流，整个岛屿上最多的就是火山熔岩。而复活节岛最吸引人眼球的是 600 多座巨石雕像，这些雕像全是半身，有着相似的外表，无腿，长耳垂，

❖ 复活节岛

知识小链接

有一种说法认为，复活节岛上的巨石雕像是小岛上的居民自己雕刻而成的。这些石像是当地人所崇拜的神灵或已逝的酋长。但是在上千年前，复活节岛仍处于石器时代，能养活自己就已经不错了，又如何有时间有体力来完成这些雕像呢？所以，围绕这些石像，有很多谜团仍等待解答。

表情冷漠，面朝大海。其中有一些石像头上还有几米高的石头雕刻成的大帽子。这些雕像是在整块暗红色火成岩上雕琢而成，高度大小不一，从 10~20 米不等，重量将近 10 吨左右。

关于这些石像，至今仍存在着很多疑问，得不到明确的解答，比如他们代表什么？又是谁在什么时间，什么地点，如何

❖ 复活节岛

雕刻的？怎样运送的，为什么面朝大海？相信在不久的将来，所有这些谜团，都能得到解答。

❖ 复活节岛

罗格文的发现

复活节岛是一座太平洋岛屿，岛长 22.5 千米，是一座面积不到 120 平方千米的三角形小岛。1722 年，荷兰海军上将雅各布·罗格文在他的太平洋航行中，发现了这座没有被标注的岛屿，他给这座小岛命名为复活节岛，因为小岛被发现的这一天是 4 月 5 日，正好是复活节。从此之后，复活节岛开始走进人类的视野，而岛上 600 多座巨石雕像更是引起世人关注。

刻满图案的神秘木板

处在南太平洋茫茫海域之中的复活节岛，拥有很多至今都没能破解的神秘谜团，除了岛上的巨石雕像，复活节岛还有着"会说话的木板"。这些木板两边有用鲨鱼牙齿或坚硬的石头刻成的像鱼、鸟、草木和船桨等的方形图案。这些图案到底想传达什么，代表什么，无人能破解。小岛上本来有许多此类雕刻着图案的木板，只是在复活节岛走进世人视野之后，这些木板也遭到了浩劫。这些木板被欧洲的传教士认为是不祥之物，要全部焚烧掉。而最终逃脱这场火劫的 25 块木板，是因为被岛上的居民拿来做成逃生的小船。因为这个无意之举，使得这 25 块木板成为了仅存的珍品。

二月"鸟人节"

"鸟人节"是指当地人在奥龙戈海边举行的一个仪式，诸多部落推选出最勇敢的人，让他们到距离小岛 2000 米外的礁石上寻找鸟蛋，哪个部落的选手最先拿着鸟蛋回来，这个部落的酋长就被推选为"鸟人"——一年之中这个酋长会被奉为神明。

❖ 复活节岛

■ Part1 第一章

发现南极洲

南极洲位于地球最南端，被称为"冰雪高原"。它是人类最后踏上的一块大洲，是英勇无畏的探险家们愿意以生命相搏的地方。

库克三探南极

提到南极探险，不得不提到英国航海家詹姆斯·库克，他是最早探险南极的探险家之一。詹姆斯·库克在一番仔细准备后，于1772年底迈出人类探索南极的第一步。他从南非出发，率领两艘帆船驶向南极洲。库克船长在11年中三探南极洲，尤其是他到达的南纬71°，是人类有史以来航行到最南端

❖ 南极洲

的世界纪录。库克船长英勇无畏的精神深深打动了世人，新西兰的库克海峡，太平洋中的库克群岛，这些以库克命名的名字，都表现出人们对库克船长的纪念感怀之情。

人类穿越南极圈

库克船长三探南极之后，俄国探险家法捷依·法捷耶维奇·别林斯高晋又将人类的足迹继续向南推进，他曾先后四次穿越南极圈。1820年别林斯高晋率领探险队出发，不仅到达了南纬69°23'，而且在陆续的南极探险中，发现了南极圈中的两个岛屿。这是人类首次在南极圈内发现陆地。法捷依·法捷耶维奇·别林斯高晋为这两个岛屿起了带有浓厚俄国味道的名字："彼得一世岛"和"亚历山大一世岛"，两个岛屿之间的海域则以自己的名字命名。

知识小链接

南极洲最神奇的地方——南极点，是一个没有方向的地方。因为站在南极点上，不管走向哪面，都是在向北前进。在南极点，半年太阳不落，全为"极昼"，半年又见不到太阳，全是黑夜，就是"极夜"。绕行地球一圈最快的方法，就是站在南极点，因为只需几秒钟，你就可以环球一周。

最高的冰雪高原

南极洲面积为1400万平方千米，是世界第五大洲，四周被太平洋、印度洋和大西洋包围。由于地处南极圈中，整个南极洲大都覆盖着厚厚的冰层。

❖ 南极洲

这些冰层的厚度相当惊人，平均厚度将近达到2000米，而最厚的地方更是达到了4千米以上。这里不仅有全世界90%的冰雪，还有全世界72%的可饮用淡水，被称为"冰雪高原"，真是实至名归。

作为平均海拔将近2400米的冰雪大洲，气候恶劣，可想而知。干燥、寒冷、风雪，成为它隔开自己和世人的面纱。只是，越如此，越神秘；越神秘，越容易让世人对这里神迷想往。即使征程艰难，即使随时有

❖ 南极洲

生命危险，也阻挡不了人类前往的脚步。

挺进南极点

在人类对南极的了解陆续增多之后，南极点——这个南极最有魅力之处，开始诱惑着探险家们前赴后继。第一个到达南极点的人是挪威探险家阿蒙森，他于 1911 年 12 月 14 日到达南极点，距离他出发的 1910 年 8 月 9 日已经过去了一年零四个月之久，其中的艰辛可想而知，而最终到达之后的欣喜之情也是无法用言语表达的。因此，阿蒙森的名字将被永远铭记在南极探险史之中。

❖ 南极洲自然生态

Part1 第一章

大陆漂移学说

通过观察地图，英国哲学家培根和德国气象学家阿尔弗雷德·魏格纳都发现一些大洲的轮廓互相铆合，这是怎么回事呢？

最初的猜想

17世纪的一天，英国哲学家培根站在一张世界地图前，在一番观察后发现，南美洲东岸和非洲西岸的外缘轮廓可以完整地拼接起来。于是，他猜想到这两块大陆也许曾经相连，只不过他没有进一步寻求证据，仅仅把自己想到的这些简单说了一下。这个问题，在后来的300年时间里，也没有引起人们的重视。其实，对这一点，我们也可以实地见证一下。找一张世界地图，像培根一样，把目光放在南美洲东岸和非洲西岸，你也会发现这些凹凸的边缘，是可以如同拼版一样完整拼接的。然后，你的脑海中会产生相应的疑惑，这些大洲是不是如同拼图一样，本来是拼接在一起的，因为后来发生了一些变故才分开的呢？

魏格纳的猜想

最终是德国气象学家阿尔弗雷德·魏格纳提出猜想，大陆本是完整的一块，后来因为破裂、漂移而分开。那是在1910年的一天，魏格纳生病卧床休息，备感无聊的他看到墙壁上的世界地图。大西洋两岸凹凸一致的轮廓吸引了他的视线，尤其是巴西东部的直角与非洲西岸的几内亚湾，放在一起，简直就是严丝合缝。魏格纳的视线继续向南，发现巴西海岸和非洲西岸每一处凹凸都相互一致。因此，他的心中产生了一个很大胆的猜想。

证实设想

魏格纳是一个很严谨的科学家，他想寻求证据来证明自己的大胆猜想。首先，魏格纳从地理角度来考察大西洋沿岸的地理构造，然后，从时间角度来考察一致性。通过一番辛苦研究，他发现北美洲纽芬兰一带的褶皱山系与欧洲北部斯堪的纳维亚半岛的褶皱山系彼此呼应，这就证实北美洲与欧洲曾"亲密接触"；而美国阿巴拉契亚山的褶皱带，其东北端没入大西洋，在英国西部和中欧一带又出现；非洲西部的古老岩石分布区与巴西的古老岩石区不仅可以衔接，而且结构构造都一致。而魏格纳找到的代表古气候标志的化石以及冰川的遗迹、珊瑚礁等，都是出人意料的一致。这些研究结果都指向同一个答案，那就是他的猜想"大陆漂移学说"是被支持的。

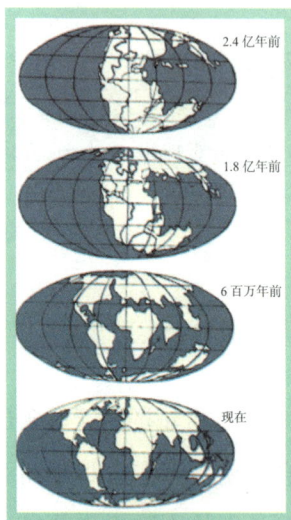
❖ 大陆漂移与板块构造
2.4亿年前
1.8亿年前
6百万年前
现在

提出大陆漂移学说

魏格纳写了一本《海陆的起源》，在这本著作中，魏格纳详细解释了自己的猜想：2亿5000万年以前，各大洲是一个整体，魏格纳称其为"泛大陆"，在陆续的地质演变中，泛大陆逐渐分裂开来，而海洋也顺势出现在分裂之处，这就是魏格纳的大陆漂移理论。1915年，魏格纳的这份科研成果一问世，就如同在地质学界投下一枚炸弹，人们不能接受这个观点。随后，随着板块构造学说的问世，人们才接受了魏格纳的"大陆漂移学说"。

■ Part1 第一章

海洋之脊

世界各大洋底部，都蜿蜒着一些隆起，这些隆起就像海底"巨龙"，彼此横贯相连，它们就是大洋中脊，又称洋脊。

起伏的海底

20 世纪以前，因为设备和技术的问题，人类对海洋底部的认知有限。随着科学技术的发展，人类已经具备对洋底进行探测观察的条件，而且已陆续有科学家对大西洋底部展

❖ 中洋脊

开探测。1946 年，美国进行了一项"跳高行动"的探险，由 11 艘船组成的船队出发。此次探险活动的重要意义在于他们发现了东太平洋洋底有隆起。哥伦比亚大学拉蒙特研究所的布鲁斯·黑甄教授，在得知大西洋和太平洋海底情况之后，敏感地认识到，这些隆起的发现有着重要意义，因为这些隆起洋脊的分布和地震活动有着密切的关系。

发现大西洋洋脊

黑甄教授马上展开了一系列研究。首先，他想绘制一张海底地形图，但已掌握的材料不够齐全。于是，黑甄教授到处寻找资料，最终在他的指导下，

一张大西洋海底地形图被绘制成功。这张洋底地形图中，清晰地出现了一条大洋洋脊。黑甄教授按捺不住自己的喜悦，在 1957 年 3 月于普林斯顿大学做了一场关于大洋中脊的报告。这场报告，引起了极大的反响，尤其是该校地质系主任赫斯，他认为黑甄教授的理论动摇了地质学的基础。

各大洋洋脊情况

随着科技手段的日益完善，各大洋底的洋脊情况也浮出水面。洋脊山系是各处大洋洋底存在着的环球性海底山脉。比起陆地上的山脉，这些海底山脉从长度上和规模上都要壮观得多。经过探查得知，太平洋、印度洋和北冰洋的洋底都有洋脊存在。在这些大洋相通的同时，这些洋底的洋脊统一绵延连接，长度达到 80,000 千米，洋脊的高度从 1500 到 3000 米不等，宽度也从一千米到几千米不等。

洋脊形成原因

如此规模巨大的环球洋底山系，是怎样形成的呢？这个问题一直是科学界探讨的重点。目前所盛行的板块构造学说对洋脊的成因给出了明确的解释，洋脊是板块分离的部分，同时也是新地壳生长的地方。这个解释中还说到，由于地幔对流上升，热地幔物质沿脊轴持续上升，等到温度冷却下来，就凝固成以超基性和基性岩组成的新洋壳，并且呈现出向脊轴两侧扩张之势。这个解释也印证了黑甄教授认为洋脊与地震带有关的看法，因为洋脊顶部是地热的排泄口，地壳内部热量很大，火山和地震相应都比较活跃。海底扩张假说又提出洋脊应该分布在各大洋中央，但太平洋洋脊却在洋底的东南部。

第二章
探索宇宙的奥秘

让我们把目光投向茫茫宇宙，人类对宇宙的探索从未停止。从发射探测器探访太阳系几大行星，到人类足迹第一次出现在月球。人类对宇宙的探索已经不只停留在银河系，而是更广阔的河外星系。探索宇宙，了解宇宙，就是探索人类自身，了解人类的过去和未来。现在，让我们展开智慧的双翼，遨游在这些神奇的宇宙奥秘中吧！

Part2 第二章

发现哈雷彗星

划过天际的彗星总能引起人们的关注，尤其是太阳系中最明亮、最活跃的哈雷彗星，因为它76年的运行周期，更是独具魅力。

观测彗星

❖ 哈雷彗星

天文学家一直认为彗星是"怪物"，游荡在恒星之间，行踪不定。丹麦天文学家第谷在16世纪末期展开对彗星的观察，提出彗星是天体之说，只是到底属于何种天体没有探究。而现在我们都已经清楚，我们看到的划过天际拖着长尾巴的彗星，是因为反射太阳光的缘故，而大部分彗星我们都无法用肉眼看到。在世界范围内建立比较清晰系统的彗星理论，还得归功于17世纪牛顿发现的万有引力定律。万有引力定律完全可以应用于天体研究工作，利用这个理论可以确定行星、卫星和彗星的运行轨道参数，而且这个理论间接支持了牛顿的朋友哈雷对彗星的研究。

❖ 都市夜晚看见的哈雷彗星

发现哈雷彗星

　　在万有引力定律的基础上，哈雷进行了认真严密的观测，最终在 1682 年 8 月，哈雷观察到一颗肉眼可见的明亮彗星划过天际。他立刻信心大增，对这颗彗星进行了追踪式的研究，包括彗星的位置和在星空中的逐日变化。哈雷惊喜地发现，这颗彗星应该早就到访过地球。在后

❖ 哈雷彗星陨石

期工作中整理彗星观测记录时，哈雷发现从 1531 年到 1607 年再到 1682 年，都有关于类似彗星轨道参数的记录。那么，这是同一颗彗星吗？

证实预言

研究得出的结论，使哈雷迫不及待地想找牛顿探讨，这些记录中的彗星到底是不是同一颗。最终经过反复推敲计算，它们确实是同一颗彗星！因为这颗彗星三次光顾地球的时间间隔为 75 年或 76 年，所以，哈雷大胆预言，在距离 1682 年之后的 75 年或 76 年之后，也就是 1758 年年底或 1759 年年初，这颗彗星应该会再次光顾地球。事实确实如此，在距离哈雷观测到这颗彗星的 76 年后，也就是 1759 年 3 月 13 日，这颗被哈雷所预言的彗星再次出现在观测者的眼中。人们为了纪念这位英国伟大的天文学家和数学家，以他的名字来命名这颗彗星，这颗彗星正是哈雷彗星。

梅西耶与 21 颗彗星

哈雷对彗星的预言引起了全世界的关注，在大家都在翘首等待哈雷彗星再次光顾地球的时候，每个人都希望自己是第一个见证者，结果最早观测到的是德国一位农民天文爱好者。这个结果让苦苦等待多日的法国天文学家梅西耶有些失落。但他知道，茫茫宇宙之中的彗星并不仅仅只有这一颗，他开始系统地寻找其他彗星。经过努力，他一共观测到 46 颗彗星，其中有 21 颗彗星他是第一个发现者。因此，法国国王称赞梅西耶是"彗星侦探"。

◆ 哈雷彗星

Part2 第二章

发现蟹状星云

蟹状星云是一颗超新星爆炸后形成碎片的扩散星云。它陆续被英国和法国的天文学家观测到，但最早观测者是中国北宋的杨惟德。

观测蟹状星云

一般情况下，超新星爆发后会有一颗主序星死亡，而主序星会制造出一个爆发残迹，这些残迹就是星云。位于金牛座的蟹状星云就是诸多星云中最重要的一个。将人类历来对它的观测记录进行比对，会有一个惊奇的发现，这团星云在不断扩张。从1731年英国的戴维斯，到1771年将这团星云排为M1的法国的梅西耶，再到1884年将这团像螃蟹腿样的星云命名为"蟹状星云"的英国的罗斯伯爵，他们对"蟹状星云"的记录，被一位天文学家在1921年整合，并得出结论——"蟹状星云"在不断扩张。

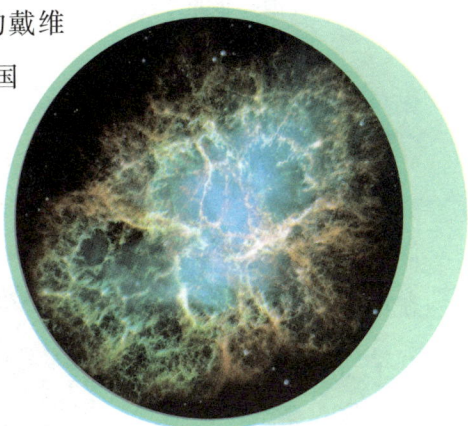
❖ 蟹状星云

中国的"天关客星"

其实，在北宋至和元年，即1054年，当时的司天监官员杨惟德留下这样一段记录：一颗突然出现的客星昼见如太白，芒角四出，色赤白，白天也能看见它。它像金星一样，光芒四射，星光呈红白色，持续了23天后，亮度渐渐降低，将近两年后才消失不见。被杨惟德记录的这段星象正是超新星——"天关客星"爆发的情况。其中"天关"是古代的星名，处于金牛座；"客星"是中国古代对新星和超新星以及彗星的称谓。因此，这颗爆炸的超新星"天关"被命名为中国新星，中国新星爆发后的遗迹正是蟹状星云。

星云是星际空间中气体和尘埃结合成的云雾状天体。除星云外，这些宇宙中的云雾状天体还有星团和星系。星云的体积都非常庞大，即使最普通的星云，它的质量至少也相当于上千个太阳。星云是恒星爆炸时抛出的气体，而星云又会在引力作用下再次被压缩成恒星。

四个磁极的脉冲射电源

科学界普遍认为，宇宙之中的脉冲射电源一般情况下只有北极和南极两个磁极，而蟹状星云中心部位的脉冲射电源却有四个磁极，这是迄今为止人类发现的第一个如此结构的天体构造。但同时也有科学家提出疑问：传统双磁极理论无法解释蟹状星云中脉冲射电源的活动情况，因此，这团星云可能存在多个磁极，彼此相互作用，脉冲射电源的磁场呈现出明显的扭曲。

高速自转的脉冲星

20世纪30年代起，科学界有一种对中子星的预言：超新星爆发时，气体外壳由于抛射形成超新星遗迹——蟹状星云就是其中一个，随后，恒星核心会迅速坍缩，并会由它自身的质量决定它会演化成白矮星、中子星还是黑洞。蟹状星云中有一颗由20世纪80

蟹状星云

年代发现的高速自转的脉冲星，这颗脉冲星运行周期只有 0.033 秒，科学家推测，这颗脉冲星可能就是由中国新星爆发后形成的。

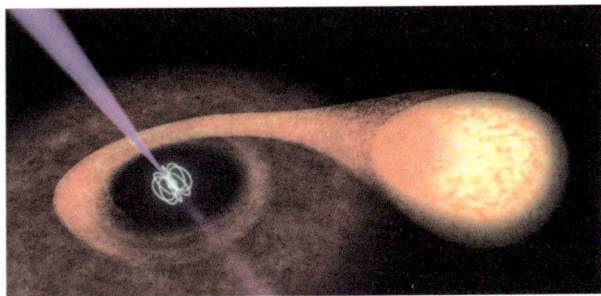

❖ 脉冲星

■ Part2 第二章

木星系的秘密

在太阳系中有一颗拥有着50多颗卫星环绕的行星——木星，这些卫星观测记录可以追溯到中国的战国时期。

伽利略卫星

伽利略卫星是指意大利科学家伽利略发现的木卫一、木卫二、木卫三和木卫四四颗环绕木星的大卫星。伽利略是近代实验科学的先驱者，其中最大的成就体现在他对天文望远镜的改造和他所进行的天文观测。当时欧洲各国比较盛行的观点就是教会所秉持的"地球是宇宙的中心"，而伽利略于1610年发现的木星这四颗卫星，则是对这个观

❖ 木星的卫星

❖ 木星表面

点最大的驳斥。同时，这个发现也开辟了天文学史上的新纪元，从此之后，天文观测活动更加蓬勃地展开，更多的天文现象进入了人类视野。

最先发现者

翻开中国唐朝天文学家瞿昙悉达编著的《开元占经》，会发现有这样的记录："甘氏曰：单阏之岁，摄提格在卯，岁星在子，与须女、虚、危晨出夕入，其状甚大有光，若有小赤星附于其侧，是谓同盟。"根据学者推测，这段文字中的

知识小链接

伽利略是意大利著名的物理学家、天文学家和哲学家，是近代实验科学的先驱。他对人类天文学的研究起到巨大作用，获得了"哥伦布发现了新大陆，伽利略发现了新宇宙"的赞誉。他曾在比萨斜塔进行了著名的"两个铁球同时落地"的实验，在比萨教堂观察到了钟摆的运动规律。他的一生无愧于"现代科学之父"的称号。

❖ 木星

"岁星"就是木星，"同盟"指木星和附属的小星组成的系统，"赤"是浅红色，这个颜色正好和木卫三的橙黄色接近，因此，天文学者认为，这是关于木星卫星的最早记录。这段观察记录者是战国时齐国的甘德，具体时间是公元前364年的夏天。甘德是我国古代著名的天文学家，天文著作有《岁星经》和《天文星占》，但是都已经失传。

观测四颗卫星

对木星四颗卫星进行细致观测的是美国1989年发射的"伽利略"号木星探测器。该探测器于1995年进入木星轨道搜集资料。于是，更为清晰的木星资料呈现在世人面前：最年轻的卫星是木卫一，它的表面拥有多座火山；太阳系中最大的卫星是木卫二，它的表面是厚厚的冰层；而木卫四上则可能存

在巨大海洋，海洋深度要可达到数千米。

鲜红的木卫一

近些年人类对距离木星最近的卫星——木卫一有了进一步的了解。首先，火山爆发频繁。旅行者1号探测器在木卫一共发现9座火山，这些火山的喷发高度从70到300千米不等，喷发速度比地球火山爆发还快，平均速度达到每秒1000米；其次，颜色鲜红。木卫一大概是太阳系中最红的天体，而且它的上空被稀薄的二氧化硫大气及钠云包围；另外，还了解到木卫一的一些地表特征。木卫一距离木星约42万千米，直径约3640千米，密度和大小接近月球。同时，木卫一上还有开阔的平原、起伏的山脉、大峡谷和火山盆地。因为这些情况，木卫一在诸多"兄妹"中最为著名。

木星

❖ 木星

Part2 第二章

土星光环的形成

在太阳系八大行星中，有一颗像戴着大沿遮阳帽的行星，这个"帽子"其实是它的光环，而这些光环是怎样形成的呢？

土星光环

❖ 土星

1610 年，伽利略用自制望远镜观察土星时，发现土星两边有类似耳朵的半月形光影。当时，他并不清楚自己是首个观测到土星光环的人，反而认为这两个"耳朵"是两颗环土星的卫星。只是在以后的观测中，他又找不到这两个"耳朵"——它们消失了吗？一直到他去世，他都没有弄清楚原因何在。

光环形成原因

土星的光环到底是由什么构成的？这个美丽"帽子"的形成引起很多天文学家研究的兴趣。天文学家卡西尼在 1675 年观测到土星两重环之间存在黑暗的缝隙，这个黑暗缝隙被称为卡西尼缝。卡西尼缝的发现，使卡西尼产生了猜测——土星光环由无数小颗粒组成。这个猜测在此后的 200 年中一直影响着天文学界。大家普遍认为：土星光环是固态的，卡西尼缝是固态环上的一个黝黑标记。直到1856年，有人对这个猜测提出质疑，英国著名物理学家麦克斯韦认为土星光环是由无数小的固定颗粒构成的，因为如果光环是固体或液体，运转时万有引力会把光环撕裂；而固定颗粒从力学角度来说才是更合适的推测。

近看土星光环

随着科学技术的发展，人类通过探测器收集到越来越多的土星光环资料。虽然，从远方来看，土星光环异常美丽，如同平滑的带子。但如果走进它，会发现土星环是由大小不等的碎块和颗粒组成，而且土星环有成千上万个，它们平均分布在土星环的平面内，一起形成又宽又薄的土星光环。大多数土星光环

❖ 土星

光滑匀称，像密纹唱片上的纹路，但也有些是锯齿形和辐射状。卡西尼缝中也有至少20条细环，而且类似的缝隙还有几十个。

"隐形"土星光环

其实，除了被大家所熟知的这个土星光环之外，在土星卫星土卫九围绕土星运行的轨道上，还存在着一个"隐形"光环。这个光环更为巨大，它的直径为土星直径的300倍，可以容纳10亿个地球。只是因为照耀到这里的太阳光线太少，无法形成反射，所以不容易被人发现。最早观察到这个隐形光环的是在2009年，由美国航空航天局的科学家观测到的。

关于土星卫星

如果你生活在土星上，每到夜晚的时候，你仰望土星上的夜空，会发现这里的夜空中有几十个"月亮"，这是怎么回事呢？

探测土星

◆ 土星监测高清卫星图片

到目前为止，人类已经认识了 60 多颗土星卫星，它们一起组成了蔚为壮观的土星系。人类陆续发射到土星的探测器一共有三个，其中第一个到达土星表面的是"先驱者"11号，它的观测收获颇多，比如又发现两条土星光环、发现土星的第 11 颗卫星和土星磁场强过地球 600 倍。随后到达土星的还有"旅行者"1 号和"旅行者"2 号，其中，"旅行者"1 号不仅发现三颗新卫星，还通过考察得出土卫六有大气层存在；"旅行者"2 号采集了上万幅土星照片。

探测土卫六

对土卫六执行探测任务的是"卡西尼"号和"惠更斯"号探测器。"卡西尼"号探测器于 2004 年 7 月 1 日进入绕土星轨道，并在第二年 1 月 14 日将"惠更斯"号探测器发射到土卫六，借助压力、温度、风速、大气成分测量仪器对土卫六进行了一系列的探测观察。装有12台探测设备的"卡西尼"号同时对土卫六进行多角度拍摄。通过观察这些拍摄情况，人类又发现土星的一颗新卫星，同时还发现土卫六北纬高纬度地区存在海洋。

知识小链接

在诸多土星卫星中，土卫一是最靠近土星的卫星；土卫三上有一条占据星球周长四分之三的裂缝；土卫五表面的陨石坑最多；土卫八是一个外围卫星，它的自转周期等于它的公转期；土卫九是已知土星卫星中距离土星最远的一个，是一个逆行的规则卫星，它很有可能是被土星俘获的天体；土卫十和土卫十一每四年会交换一次轨道。

"泰坦"土卫六

土卫六是诸多科学家着意研究的一颗卫星，因为截至目前所观测到的结果，土卫六是太阳系中唯一一颗和地球一样拥有大气的卫星。它由荷兰物理学家和天文学家克里斯蒂安·惠更斯在1655年3月发现，而1944年美籍荷兰天文学家柯伊伯通过对土卫六进行系统观测时发现并确认，土卫六上有甲烷气体。土卫六大气的主要成分是碳氢化合物，这些物质是造成土卫六呈鲜红色的原因所在。土卫六有一个很帅气的英文名字——"泰坦"，在希腊神话中泰坦是统治世界的古老神族。

其他卫星

土星卫星各有特点，其中土卫四上有大小不一的环形山，而且，它的外表由于外壳裂缝中渗漏出白冰而有些纹理；土卫五比土卫四稍微大些；土卫八由于不同物质覆盖，导致一个半球黑暗，另一个半球明亮，直径为1436千米，大约三个土卫八和一个月亮同样大。

土星特写

Part2 第二章

发现天王星

天王星是近代发现的太阳系中第一颗行星，由英国著名天文学家威廉·赫歇尔通过自制的天文望远镜观测捕捉到的。

发现天王星

在发现天王星以前，人类普遍以为太阳系只有六颗行星，但面对茫茫夜空，人们又希冀着有更多的发现。终于在 1781 年 3 月 13 日，英国天文学家威廉·赫歇尔通过自己动手磨制的望远镜观测到了天王星，掀开了天文史上新的一页。赫歇尔于 1738

❖ 天王星

年出生在罗马，受父亲的影响，他从小就热爱音乐，最初让他着迷的是双簧管，慢慢地又迷上数学和天文观察。为了能更清晰地进行观测，他总是自己动手磨制镜片，一共磨制了上百件。

天王星是不是恒星

其实在赫歇尔发现天王星之前，已有人观测到它的存在，只是总被忽略或被以为是恒星。天王星到底是不是恒星，它的观测者赫歇尔做出判定，天王星不是恒星。因为恒星的体积不受望远镜倍数的影响，这颗在 1781 年 3 月被观测到的天体，随着望远镜倍数变大，体积也变大了。因此，可以得出答案——天王星不是恒星。

太阳系中的新行星

　　赫歇尔判断这颗新星身份的过程也是几经坎坷。首先，他虽然断定这颗新被发现的天体不是恒星，但赫歇尔并没有把它当成是太阳系中新发现的行星，而是把它看作了无尾彗星。在他所写的关于这颗"彗星"的报告中指出，这颗新星的轨道，无法用抛物线和椭圆表示。不过，赫歇尔没有停下继续研究的脚步，又经过一段时间的观测及相关计算，赫歇尔得出新星的轨道是接近 19 个天文单位的圆形。

命名天王星

　　天王星的命名也颇费周折。在天文学界中，新发现的天体可以考虑用发现者的名字命名。因此大家建议把这颗新发现的行星起名为赫歇尔星。可发现者赫歇尔为了纪念英国国王乔治三世对他开展这一系列研究的资助，建议把这颗新行星命名为乔治星。后来决定采用命名惯例——用希腊神话中的人物之名来命名。经协商后决定，以宙斯的祖父——拉诺斯命名，翻译成中文就是天王星。但至今仍有人为纪念发现者，称呼它为赫歇尔星。

■ Part2 第二章

关于海王星

它是先由笔尖计算，然后才被发现的行星。这颗行星上面寒冷而荒凉，上面的风暴是太阳系中最猛烈的，它就是——海王星。

计算得出的海王星

发现天王星之后，有天文学家推算太阳系中应该存在着影响天王星运行的第八颗行星。英国的亚当斯和法国天文学教师勒维耶分别在 1843 年和 1846 年计算出第八颗行星的

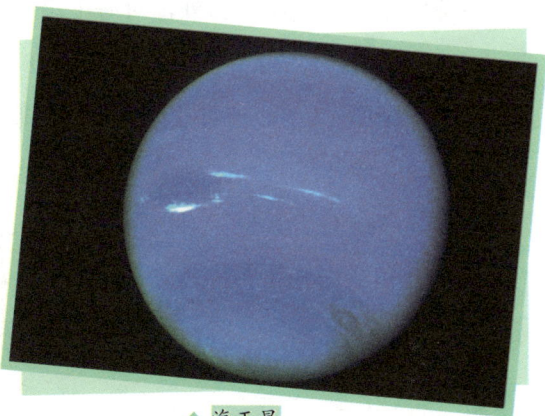

❖ 海王星

运行轨道，只是前者的研究被英国皇家天文学家乔治·艾里放在一边，后者的推算结果直接影响到德国天文学家伽勒。伽勒根据这些计算在 1846 年 9 月 23 日晚，观测到了海王星。从那之后，环绕太阳运行的第八颗行星正式进入了人类视野，人类对太阳系的认识也再一次得到拓展。

命名海王星

这颗太阳系的第八颗行星——海王星，在观测到的画面中呈现出如同海洋一样美丽的蔚蓝色，而在罗马神话中，主管海洋的天神是"涅普顿"，所以这颗新行星被命名为"涅普顿"，海王星是它的中文译名。在这个国际通行的名

字出现之前，这颗新行星还被建议叫作勒维耶，也就是以推算出其位置的人的名字命名，但被本人谢绝。

海王星

关于海王星

海王星被发现之后，天文学家陆续展开对它的观测，人们对海王星的认识也逐渐增多。

首先，海王星是典型的气体行星。风暴运行的速度高达 2000 千米 / 时，是太阳系中风暴速度最快的行星；其次，科学家推测海王星内部存在着热源，尽管它看起来寒冷荒凉；另外，对海王星的大小也已经掌握，海王星的赤道半径是地球赤道半径的 3.88 倍，接近 25,000 千米，体积是地球的 57 倍，质量是地球质量的 17 倍。通过这些数据可以知道，在太阳系中，海王星是第三大行星。

另外，"旅行者 2 号"卫星观测到海王星也有光环，而且是亮块组成的光环。只是由于海王星距离地球遥远，只能观测到海王星周围暗淡模糊的圆弧形光影。

关于风暴

1989 年，"旅行者 2 号"探测器飞越海王星，完成了人类对海王星的首次近距离探测。通过这次探测得知，海王星上有着令人心惊胆战的风暴区。剧烈的风暴若发生在地球上，人类将无法存活。尤其是海王星上的大风，时速高达 1000 千米 / 时，这样的风速在地球上，眨眼工夫就能吹走一辆卡车。

知识小链接

海王星距离地球 45 亿千米之远。1989 年 8 月 25 日，"旅行者 2 号"探测器飞越海王星，这是人类首次用空间探测器探测海王星。这次观察一共拍摄了 6000 多张照片，发现了海王星 6 颗新卫星，5 条光环。海王星与太阳的距离是地球到太阳的 30 倍，因为距离太阳最远，所以是太阳系中最冷的星系之一。

Part2 第二章

矮行星——冥王星

在天王星和海王星之后，在更遥远更黑暗的天空，科学家又发现了一颗像"地狱主宰之神"的行星，后来经研究表明它竟然不是"行星"。

搜寻"新行星"

随着天王星和海王星走进人类的视野，天文学家分析，应该还存在着未知的新星体。于是，天文学家又把目光投向更远更黑的太空之中，但搜索总是无果。其中比较有恒心的美国天文学家洛韦尔从 1905 年到 1916 年，经过 11 年的苦苦搜寻和认真推算，得出结论：根据天王星和海王星的轨道异动误差，可以明确推断有新天体存在。但因为距离遥远，没有发现新行星。

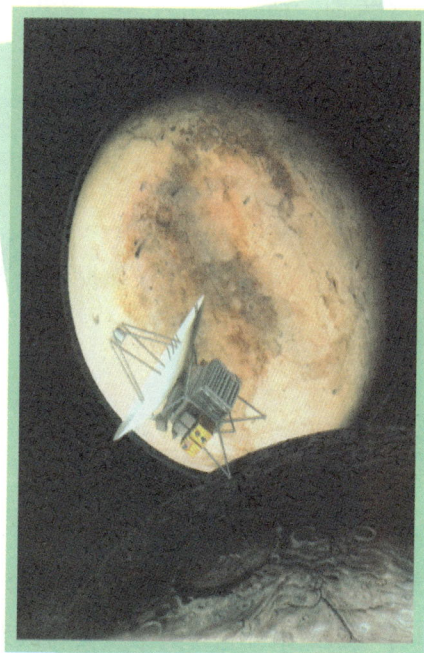

◆ 冥王星

汤博的搜索

洛韦尔采用对未知新行星运行轨道推算，用照相的方法进行搜寻，并没有找到新行星，还需要用其他的方法来寻找。1929 年，美国天文工作者汤博加入洛韦尔天文台搜索行星行动之后，变换了方法，采用分块搜索，并使用特殊观测装置。首先，他将"新行星"存在的区域划分成块，然后逐一观察拍摄星点的分布状态底片，他采用的特殊观测装置能迅速发现两张底片中闪烁的光点。如此用心的搜索工作能有所发现吗？

发现冥王星

经过汤博日复一日地比对星点分布状态底片，终于有了重大发现。那是在1930年2月28日，他正在比对一组双子星座底片，突然发现端倪：有一颗星看起来好像在众多星星之间跑出了一段距离。这个发现让汤博明确了方向，他连续几个星期追踪拍摄这个星点，最终证实，它就是"新行星"。随后，汤博将这个消息公布。从此，原来仅仅存在于洛韦尔推算之中的"行星"终于被捕捉到踪迹。

❖ 冥王星

矮行星

这个新被发现的"行星"在2006年8月24日被确定身份，它不是行星，而是一颗矮行星。其实在"新行星"冥王星一"出世"，人们就对它的身份产生了质疑。最开始，冥王星被确认为是太阳系第九颗行星，因为人们推测它的直径比地球略大，为6600千米。后来观测技术进一步提高，这个数字被否定，人们计算它的直径约为2274千米，它的质量不仅比地球小得多，比地球的卫星月球都小。也正因为它体积小，距离地球太远，所以才不便观测。

发现冥卫一

1978年7月的一天，克里斯蒂在美国海军天文台研究冥王星照片时，被冥王星小小的圆面略有拉长的细节所吸引。由于具有天文学爱好者特有的敏感，他迅速找出之前七八年所拍摄的所有冥王星照片仔细比对，发现这种现象是存在规律的。于是，他大胆断定，冥王星有卫星存在。随后，哈勃太空望远镜又确认了两颗冥王星的新卫星，这三颗卫星分别命名为卡戎、尼克斯与许德拉。

知识小链接

矮行星又叫侏儒行星，体积介于行星和小行星之间。国际天文学联合会认定行星的标准：该天体必须位于围绕太阳的轨道之上；该天体须有足够大的质量，克服固体应力，达到流体静力平衡，为近于球形的形状；该天体须有足够的引力清空其轨道附近区域的天体。冥王星不符合这三条行星标准，所以被归入矮行星。

Part2 第二章

量天尺——造父变星

造父变星是一种亮度能发生周期性改变的恒星。人类利用它的亮度变化，测定天体之间的距离，这是怎么回事呢？

❖ 造父变星

三种变星

这些亮度发生周期性改变的变星，变化的原因各有不同。根据变化原因的不同大略分为几何变星、脉动变星、爆发变星三种。其中，以大陵五为代表的几何变星，是因为伴星周期性遮挡而造成亮度变化，大陵五的光变周期大约是 68 小时 49 分钟；还有一类变星亮度的变化是由于恒星自身体内的膨胀收缩，这些收缩形成亮度变化，而这种由脉动引起周期性亮度变化的恒星叫脉动变星；还有一种造父变星，又称"量天尺"，是脉动变星的一种。因为它的亮度变化可以用来测定天体之间的距离，是一种高光度周期性脉动变星。除此之外，还有一些天体被称作变星，如红外线、紫外线和 X 射线新星，它们会突然产生强烈的射线。

关于造父变星

造父变星还可以再细分为两种：经典造父变星和短周期造父变星。第一种类型的变星，是比较年轻的恒星，大多见于星系的旋臂，属于星族 I，它们有着明显的周期和光度关系，具有 1.5 到长达 50 天的光变周期；后一种类型的变星，又称星团变星或天琴座 RR 型变星，属于星族Ⅱ，是年老的恒星，位于银河系的银核和银晕中。它们的光变周期短于一天，光变周期与光度没有明显的关系。

造父变星的探测

对于造父变星的观测由来已久。从最早发现光变现象的英国人约翰·古德利克到发现造父变星周光关系的亨丽爱塔·勒维特，然后是成功测定银河系中造父变星距离的丹麦科学家埃希纳·赫茨普龙利。紧接着，美国的哈罗·沙普利解决了造父变星零点标定问题，沃尔特·巴德又发现造父变星的分类。其中，值得一提的是哈佛大学天文台的亨丽爱塔·勒维特，他通过观测小麦哲伦云中的 25 颗造父变星，确定了造父变星的周光关系，又确立了视星等和周期之间的准确关系。

❖ 量天尺：造父变星拥有独特的周光关系，被天文学家们称作"宇宙标准烛光"

最亮的造父变星

造父变星的亮度变化可以用来测定天体之间的距离，这个"量天尺"的作用已经得到应用。最亮的造父变星之一——"双子座泽塔"，它与地球之间的距离就可以根据它的尺寸变化与亮度来进行确定，它与地球的距离为 1000 光年。含有造父变星的星系与地球的距离都可以依此而测定出来。

Part2 第二章

宇宙中的河外星系

宇宙中存在着众多星系，太阳系所在的银河星系只是其中的几十亿分之一，随着人类的探索，对河外星系的了解也日渐增多。

定义河外星系

河外星系是对宇宙中除银河系之外的其他星系的总称。河外星系从 17 世纪时开始被天文学家注意到，因为人们在探测太空时发现了一些朦胧的天体，

❖ 河外星系

只是由于距离地球太远，不能明确这些天体的构成，就简单地将它们归类为"星云"或"宇宙岛"。一直等到"造父变星"发现，通过它进行星云之间距离的计算，才确定出人们误认为的星云，也是星系，是存在于银河系之外的河外星系。

发现河外星系

事情还要归功于美国天文学家哈勃发现的"造父变星"。从 1885 年开始，人们在仙女座大星云中发现许多新星，于是对仙女座提出一些质疑，它应该不是尘埃气体云，而是一个由众多恒星构成的天体系统。问题在于它们之间的距离不能被准确测定，而 1924 年哈勃发现的"造父变星"解决了这个

难题。因为计算变星的光变周期和光度的对应关系可以计算出星云的准确距离。通过这些距离，可以确认仙女座星云是存在于银河系之外的星系。它的名字也随之发生了相应的改动，改为"仙女星系"。而这个河外星系的确定，开始引起人们对这类星系浓厚的研究兴趣。

星系的分类

根据星系的大小和形状，并结合它们之间的相似之处，天文学家对星系进行了分类。这些星系大致可分为螺旋星系、椭圆星系和棒旋星系，以及一些不规则星系。其中，螺旋星系是因为它们的外围物质围绕星系核转动，像一个旋涡；椭圆星系则没有旋臂，内部物质聚集，使它们的外形看起来是椭圆形；棒旋星系是在宇宙分布最多的。它们因为星系核像长的棒子，因此得名。棒旋星系和椭圆星系不同的地方在于棒旋星系有两条长长的旋臂。

关于 M87

M87 位于室女座方向，是比银河系还要大很多的椭圆星系，因为它在梅西耶星表中排第 87 位，所以才有了这个名字。天文学家对这个星系进行了系统的观测，发现了很多恒星，所以，有天文学家推测，这个星系里可能存在黑洞。因为椭圆星系本身就是由于两个旋涡状扁平星系之间碰撞、混合、吞噬而形成的。

■ Part2 第二章

发现**太阳风**

> 太阳风是 20 世纪空间探测的一个重要发现，因为每当它抵达地球时，不仅引起磁暴，还会干扰到电离层，影响短波通讯。

关于太阳风

太阳风是由于太阳最外层的大气——日冕膨胀形成的充满星际空间的等离子体流，这些等离子体流从日冕不规则的黯黑区域即冕洞中喷射出来，等离子微粒连续辐射就形成了太阳风。太阳风分为两种，影响到地球磁暴与极光并且造成电离层干扰的是"扰动太阳风"。这种太阳风在太阳活动时辐射出来，由于它速度较大，粒子含量较多，所以对地球的影响较大。而相对来说，射流速度较小，微粒含量不大的持续太阳风，对地球的影响稍小一些。

发现太阳风

早在 1850 年的时候，就有人观察到了太阳风，但是发现者英国天文学家卡林顿以为自己看到的这一小道闪光，只是陨石落在太阳上的缘故。在以后的研究中，人们并没有忽略掉这个"太阳闪光"，只是他们的看法与卡林顿不同，他们普遍认为，这种现象总是同太阳黑子有联系，而

> **知识小链接**
>
> 科学家形象地把太阳风暴比喻为太阳在打"喷嚏"，因为太阳对地球至关重要，所以，太阳打"喷嚏"时，地球往往会"高烧"，因为这个喷嚏影响通讯、威胁卫星、破坏臭氧层。不过，正是由于太阳风的存在，人们才可以欣赏到彗星长长的、背向太阳方向延伸的美丽彗尾。

且，它还引起地球上"磁暴"现象——即极光强烈，无线电与电视转播中断，雷达停止工作。因为这些影响，天文学家加大了研究和观测力度。最终他们发现这些"太阳闪光"，其实是一层质子云在太阳爆发中被远远抛起形成的。

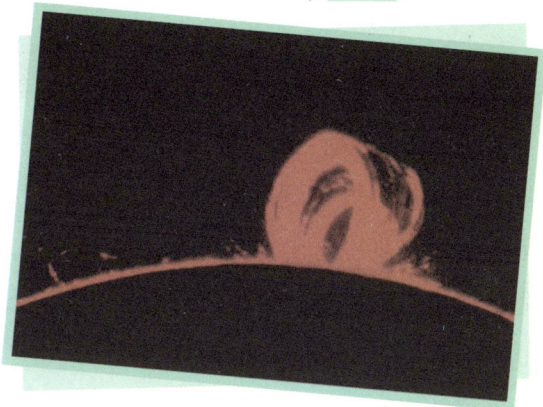
❖ 太阳风

太阳的热量主要由炽热的氢所形成，因为氢的原子核是质子。最终这种质子云在1958年被定义为"太阳风"，提出者是美国物理学家帕克。

探测"太阳风"

对太阳风进行细致探测的是"尤利西斯"号太阳探测器。它曾两次展开对太阳风现象的探测工作。其中第一次是在1994年6月，它飞抵位于黄道面70°南极的太阳上空，因此对太阳风现象进行了详细的探测。这次测定收获颇丰，因为不仅测量了极区磁场强度和方向，还测定了极区太阳风的速度、密度和温度。其中几个巨型冕洞里喷射出来的太阳风速度达到时速800千米；另外，探测器还对极区日冕的温度，以及带电粒子和宇宙线、X射线进行了相应的探测。第二次探测是在第一次探测后的第8个月后，探测器再一次发回太阳风和磁场分布的探测数据。

❖ 太阳风影响地球磁场的示意图

太阳观测卫星的发现

在"尤利西斯"号太阳探测器对太阳风展开探测的同时，太阳观测卫星也有所发现。首先，太阳观测卫星发现太阳南北两极附近有十多股穿越太阳大气层的旋风。这些太阳旋风的

❖ 太阳风影响地球磁场的示意图

宽度相当于地球直径，时速每小时高达 50 万千米，比地球上的龙卷风高出上千倍。在继续的探测中，太阳观测卫星又发现这些太阳风来自太阳表面蜂窝状磁场的边缘，而这正是太阳风的源头。

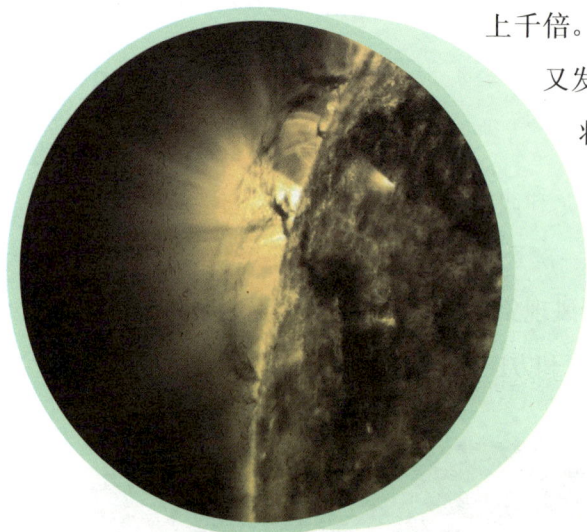

❖ 太阳风暴"龙卷风"

Part2 第二章

认识白矮星

恒星也有晚年，晚年期的恒星会变得暗淡，只能发白色的光，体积很小，却拥有高密度和惊人的质量，这时的恒星就是"白矮星"。

形成白矮星

恒星度过青壮年期——主序星后，会步入老年期。首先会变成红巨星，红巨星依然是不断活动的，它的外部区域会发生膨胀，氦核会收缩，越收缩，其中心内核的温度会越高，可超过1亿摄氏度。同时氦核发生反应，聚变出碳继续燃烧。等到氦核烧完，恒星外壳就会成为以氢为主的混合物，混合物下有一个埋有碳球的氦层。此时核反应仍较为复杂，在温度上升的同时，碳元素会发生转变。再加上红巨星外层又有着脉动振荡，从而导致了白矮星的诞生。

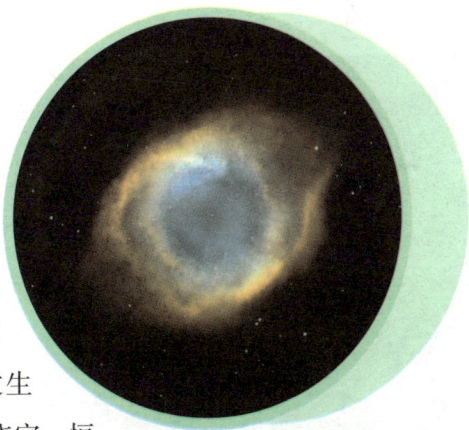
◆ 正在形成的白矮星

◆ 白矮星系统

发现白矮星

1862 年，美国天文学家克拉克用折射天文望远镜发现了天狼星的伴星，它后来被证实是人类发现的第一颗白矮星。德国天文学家贝塞尔在 1834 年就曾预言过这颗伴星的存在。因为他在观察中发现，天狼星的运动与其他同类星体不同，所以推测天狼星可能有伴星的存在。但由于观测设备的落后，他只是进行了猜测，并没有亲自加以证实。

知识小链接

白矮星因为颜色呈现白色，体积比较矮小而得名。它是一种特殊天体，体积小但质量大，亮度低但密度高。人类最早发现的白矮星——天狼星伴星，体积和地球差不多，但质量和太阳差不多。它的表面重力可以达到地球表面的 1000 万～10 亿倍，如此高的压力之下，任何物体都将无法存在。

认识白矮星

1926 年，否勒通过研究得出结论，在白矮星形成过程中，由于压力和密度的条件，致使它的能量过大。这种能量比地球上所有物质具有的能量都大很多。这样就可以理解，任何质量的恒星，在它们的晚

❖ 年轻的白矮星

年都将以白矮星而告终。这个证实不仅是量子力学的一个合理外推，更解释了恒星演化过程，也使得困扰天文学家、天体物理学家的宇宙高密度物质的谜团，得到解答。

只是，这个证实又被印度科学家钱德拉塞卡提出质疑。

钱德拉塞卡极限

印度科学家钱德拉塞卡也对白矮星进行了研究，他发现否勒的论文中仍有一些问题需要解决。经过他的一番研究之后，他得到了有关白矮星质量的钱德拉塞卡极限——即 1.44 个太阳质量。

钱德拉塞卡在 1939 年出版的《恒星结构研究导论》中提到，质量小于 1.44 个太阳质量的冷恒星，会因为引力和排斥力平衡而停止收缩，进而形成白矮星；反之，引力大于排斥力时，会使电子和质子合并成中子，从而形成中子星或者黑洞。

❖ 白矮星吃彗星

071

■ Part2 第二章

寻找中子星

在中子星有规律的脉冲信号被地球接收到的时候，人们以为这些信号是外星人发出的摩尔斯电码，那中子星到底是怎样的呢？

形成中子星

中子星的形成首先需要一颗核质量比太阳大的恒星。经研究测定，恒星核质量要在 1.44 ～ 3 个太阳质量之间。因为这样的恒星会经历规模比较大的超新星爆发，会呈现出比恒星所能经历的规模最大的爆发。在这样的爆发中，遗留的星核质量大，相应产生的巨大压力，会致使电子和质子结合成中子，进而形成中子星。中子星正是由恒星演变而成的。中子星是目前为止发现的最小星体。

◆ 中子星

发现中子星

中子星的发现，是 20 世纪 60 年代最重大的发现之一。1967 年，当人类第一次接收到茫茫宇宙中传来的脉冲信号时，还以为是外星人对地球人的问候。之后，剑桥大学卡文迪许实验室的贝尔在导师的协助下，有一个惊人的发现，这些有规律的连续不断的脉冲信号的精确性让人惊讶。因为它们没有贝尔他们所认为的电码那样的信息，所以他们明确这是人类发现的一种新型天体。这种快速自转的天体，被定义为脉冲星。

中子星的发现是 20 世纪 60 年代天文学的四大发现之一。另外三个发现是指类星体、星际有机分子和微波背景辐射。银河系内大概有 20 万颗以上的中子星，而现在已经发现的还不到千分之五。中子星的发现，推动了天体演化的研究，促进了物质在极端条件下物理过程和变化规律的研究。

中子星的特点

中子星有体积小、密度高，温度高、压力大，自转速度快，强辐射等特点。其中最令人惊讶的是中子星的密度，一块火柴盒大小的中子星物质，需用亿吨单位来表示其质量。如果一颗中子星的质量和太阳差不多，那它的大小和珠穆朗玛峰差不多。中子星温度和太阳相比也高出不少，太阳的表面温度为 6000 摄氏度，而中子星的表面温度就达到 1000 万摄氏度。

中子星到黑矮星

❖ 发现最年轻的中子星

像太阳这样的恒星，也会有熄灭的一天。中子星是因为恒星核的质量超过白矮星的极限，进而坍缩形成。因为作为一颗由炽热气体组成的、能自己发光的球状或类球状天体，它的内部一直进行着剧烈爆炸，爆炸的时候，外层物质不断被抛撒，原来本是恒星的位置上会有一个恒星核，等到它的质量再重上一些，就成了中子星。只是中子星仍然在演化之中，能量消耗殆尽时即形成黑矮星。

宇宙灯塔——类星体

> 茫茫宇宙中，奥秘无穷，其中有一种像恒星又不是恒星，像星团又没有星团性质，像星系又不是星系的天体，它就是类星体。

对类星体的猜想

到目前为止，人类对类星体依然是充满猜测。因为有科学家指出，类星体的运行速度惊人，比光速还要快。还有科学家认为，类星体是黑洞或星系的中心。

◆ "宇宙灯塔"

类星体可以说是宇宙中最神秘的天体，它不是恒星、星团或星系中的任何一种，它独有的特点——谱线中存在红移，使它独立于这些天体的分类之中。根据这个特点，可以相应将类星体分为两类，红移量巨大而且十分明亮的类星体称为蓝星体，由于这种类星体存在时间长久，所以所占数量最多。另一类类星体叫作类星射电源，它存在的时间不如蓝星体长。

发现类星体

对类星体提出定义的是 1964 年美国华裔天文学家邱宏业。他的定义建立在几个天文学家的发现之上。从 1960 年开始，美国天文学家桑德奇发现第 48 号天体 3C48 的光学对应体上一些又宽又亮的发射线，有光谱向红端偏移现象。1963 年，美国天文学家马丁·施密特又发现类似的谱线红移现象，他觉得这种现象不是偶然，随即开始进行仔细研究。施密特在研究中发现，谱线已经红移了相当长的一段距离，表示这种未被发现的天体正在远远离开我们。那么，类星体发生红移现象的原因是什么呢？

知识小链接

类星体是宇宙早期星系核心，由星系中超大质量黑洞驱动。2001 年，美国宇航局发现迄今为止规模最大的类星体体系。2003 年，科学家发现类星体周围存在暗物质晕的证据。2006 年，欧洲科学家发现神秘的"孤儿"类星体。2007 年，科学家再次发现罕见的类星体三胞胎。2013 年，英国天文学家发现迄今为止最大的大型类星体群组。

红移之谜

施密特所发现的高速远离现象，使人们产生疑惑，因为远离的话，天体亮度应该有所退减，但事实并非如此。多普勒效应中提到，巨大的红移会伴

❖ 揭秘未来的"宇宙灯塔"

❖ 揭秘未来思维"宇宙灯塔"

随有巨大的退行，而根据"哈勃定律"计算，高速退行的星体会距离地球非常遥远。比如，桑德奇发现的类星体 3C48，它在高速退行之下，已经距离地球 100 亿光年之远。可如此遥远距离之下的 3C48 却又有着不可理解的明亮。于是，类星体的红端偏移成了多普勒效应无法解释的现象。

明亮的类星体

类星体体积小，能量大，亮度惊人，一个类星体的能量等同于 200 个普通星系的能量，换言之就是 20 万亿个太阳，因此视亮度和辐射强度超常。而正是因为这惊人的亮度，使类星体得到了"宇宙灯塔"的称呼。

如此巨大的能量是现代能源理论无法解释的，有天文学家继续研究推测，提出黑洞存在的可能。因为黑洞有着巨大的引力，会使附近的物质被吸过来，它们围绕着黑洞，高速旋转，最终掉进黑洞之中，进而有巨大的能量辐射出来。

Part2 第二章

探索星际分子

在探索宇宙奥秘的过程中，人类一直秉持着自身并不是宇宙中唯一生命体的信念，而星际分子的发现肯定了人类的这一猜想。

发现星际分子

宇宙中除了存在着恒星、恒星集团、行星和星云之类，还存在着各种微小的星际尘埃、稀薄的星际气体、各种宇宙射线以及粒子流。随着天文探测技术的日益完善，人类逐渐发现星际空间中的各类星际分子。20世纪30年代，明确了第一种星

❖ 星际分子

❖ 星际分子

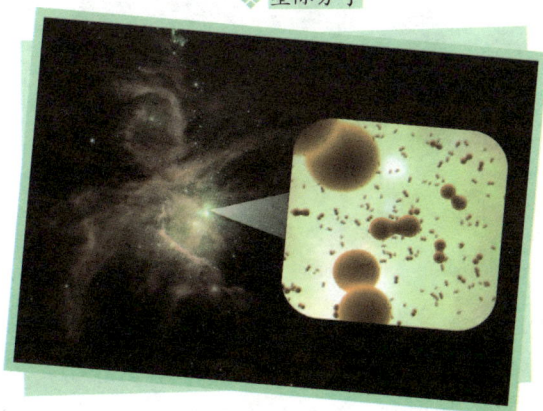

际分子。1963年时，美国科学家发现了星际分子中的有机分子——星际羟基分子。在随后的探测过程中，又发现大约80多种星际有机分子，这些有机分子大多结构复杂，有些甚至是地球上没有的。

探测工具的发展

在漫长的天文观测历程中，从最初以肉眼来观测，到天文望远镜的发明，给天文观测工作带来巨大的变化。同时，探测太空工具的研发工作也在积极展开。陆续出现的分光仪、射电技术、人造卫星，都促进了天文观测工作的开展。20 世纪 60 年代的四大天文发现：星际分子、类星体、微波背景辐射、脉冲星都要归功于射电天文望远镜。

用于观测星际分子的工具——射电天文望远镜，主要接受天体射电波段辐射。这类望远镜外形差别很大，有固定在地面单一的，有能全方位转动的，还有射电望远镜阵列。2012 年 5 月，南非和澳大利亚两个国家启动了共同建设平方千米阵列天文望远镜项目。这个平方千米阵列天文望远镜项目是全世界规模最大的射电望远镜阵列，由来自全世界 20 个国家和地区的天文学家共同筹建。

发现的意义

人类一直猜测外太空存在生命物质，甚至可能存在高等智慧的生命物质，星际分子的发现对这一猜测起到了佐证的作用。因为蛋白质，这个构成生命的基础物质，主要成分就是有机分子氨基酸，而在模拟太空自然条件的实验下，就已经合成了好几种氨基酸。因此，虽然没有直接在太空中观察到氨基酸分子的存在，但实验结果已经表明，在星际分子云中大量的有机分子们，应该就有氨基酸分子的"芳踪"。当它们在适合的环境下转变为蛋白质后，那就会发展成为有机生命。这样的理论完全支持了人

❖ 星际分子

类对外星生命存在的推测。这一点就体现出星际分子对人类的重要作用，它们不仅能帮助人类研究星云特性，还可能揭开生命起源的奥秘。

❖ 星际分子

分布情况

　　在星际空间和邻近的河外星系中，人类利用射电天文望远镜已经找到了许多星际分子，并且明确判断出这些星际分子的分子源。一种星际分子通常会有数目不等的分子源，这些分子源分布在银心、电离氢区和中性氢区、星周物

❖ 星际分子

质、暗星云、超新星遗迹和红外星的附近等物理条件不同的各个星际空间中。这些分子中有的分布较广，有的却只能到致密的星云中去寻找踪迹。

人类登陆月球

"嫦娥奔月"的故事体现出人类对月亮由来已久的美好向往，而对于每每仰望星空都能看到的这个美丽星球，我们到底了解多少呢？

天然"卫士"

人类对月球进行清晰观测始于 17 世纪望远镜出现之后。随着月球越来越多的清晰影像资料被人类掌握，这个美丽星球的面纱终于被揭开。月球半径约 1740 千米，年龄大约为 46 亿年，月球的质量小于地球。同一个物体在月球所受的引力只有地球上的 1/6。引力太小，又引起一串连锁反应。引力小，吸引不住空气，致使月球空气稀薄，空气稀薄造成大气层阻力小，使得飞向月球的陨石不被阻拦，致使月球表面布满了环形山。作为地球唯一的天然卫星，它在围绕地球公转的同时也在自转，并且总以一侧面孔朝着地球，而另一侧的面孔，人类从未"一睹芳容"。

月球

"阿波罗"计划

为了让人类的足迹踏上月球，美国实施了著名的"阿波罗"计划。计划分阶段进行，在第一阶段，测试人体长时间在太空中的生理反应，以及航天器的对接技术。随后在 1961 年 11 月到 1966 年 11 月实施"双子星座"计划；第二阶段，1963 年 5 月 15 日，"水星"1 号载人发射成功的"水星"计划，测试

❖ 人类登陆月球

人在太空中的活动能力。在这一系列计划都圆满完成之后，1969 年 7 月"阿波罗"11 号成功登陆月球。从 1961 年到 1972 年，美国宇航局先后 6 次登月，有 12 名宇航员登陆月球并安全返回。可以说，美国的"阿波罗"计划是人类航天史上的一次壮举。

知识小链接

2004 年，中国正式开展月球探测工程，即"嫦娥工程"。嫦娥工程分为三个阶段，其中，2007 年，"嫦娥一号"已经成功发射，圆满完成各项预定任务；2010 年，"嫦娥二号"再次发射成功，同样圆满完成各项使命；2013 年，"嫦娥三号"探测器"软"着陆月球。嫦娥工程是一个完全自主创新的工程，是我国实施的第一次探月活动。

"阿波罗"登月

"阿波罗"11 号的登月舱"飞鹰"号于 1969 年 7 月成功登陆月球，宇航员阿姆斯特朗是将人类脚印留在月球上的第一人。这个长约 32.5 厘米，宽约 15 厘米，深 3 毫米的脚印象征着人类航天史上的伟大进步。除了这枚珍贵的脚印，作为人

❖ 登陆月球

类对月球的首次问候，阿姆斯特朗还留下了一块金属纪念碑，上面刻着几行字：公元 1969 年 7 月，地球人在此首次踏上月球，我们是为全人类的和平而来。

中国的"嫦娥计划"

中国自古就有嫦娥奔月的神话故事，所以在各国探月计划蓬勃展开的时候，我国的探月工程也是进步飞速，推出了"嫦娥计划"。整个计划预计在 20 年内完成，首先是实现

❖ 登陆月球

❖ 人类登陆月球

绕月飞行，对月球进行考察；然后实现月球登陆，实地探测月球；最后实现机器人登月，采集月球样本后返回地球，为随后进行的载人登月计划做准备，可以简单概括为"绕、落、回"三字。

探测行星

对于和地球同在太阳系的几个行星"兄弟",人类一直进行着探测,希望在了解这些行星信息的同时掌握更多的宇宙奥秘。

关于金星

人类一直希望能找到和地球一样适合人类居住的星球,因此对我们的"近邻"——金星进行了探测工作。迄今为止,一共发射了30多个各类探测器。苏联从1963年到1984年发射的"金星号"系列,其中有一些探测器在金星表面实现软着陆。从1962年到1973年美国发射"水手"系列,探测金星及其周围空间。1978年美国先驱者探测器发射,在金星表面实现软着陆。1989年美国"麦哲伦"号探测器发射,绕金星观测飞行243天。1989年美国"伽利略"号探测器发射,1990年2月飞越金星进行遥感观测。欧洲2005年发射金星快车探测器,2006年4月进入金星轨道进行遥感观测。人类开始逐渐了解金星:金星表面温度为447℃,气压为地球上的90倍;金星表面覆盖着褐色的砂土,还有着纵横交错的干涸河床;金星上也存在着大量的环形山,大气密度是地球的100倍。这些资料表明着人类对金星探测工作取得的一定进展。

关于木星

木星也是科学家关注的一个星体。木星有着庞大的卫星"军团",多达16颗。对木星探测工作取得成效的探测器是美国的"先驱者"系列探测器、"旅行者"系列探测器、"伽利略"号木星专用探测器等。其中，"先驱者"系列探测器在探测木星的活动中，成效显著："先驱者"10 号探测器，它飞临磁层，对木星大气展开研究，一共传送回 300 多幅木星云层和木星卫星的彩色电视图像；"先驱者"11 号探测器，更是传送回木星磁场、辐射带、重力、温度、大气结构以及 4 个大卫星的情况。

探测天王星

对于发现较晚，距离地球较远的行星，人类也没有停下探测的步伐。比如天王星，人类一直对它知之甚少，就是因为距离太遥远。随着探测技术日益成熟，人类终于有机会拉近与天王星的距离，了解这位"邻居"的情况。时间要追溯到 20 世纪 80 年代，"旅行者"2 号探测器对天王星进行了 46 天的考察，它在距离天王星 8 万千米的地方掠过，得出许多关于天王星的精确数据。比如天王星绕太阳公转 1 周大约相当于 84 个地球年，它的自转周期是 16.82 小时。同时还对天王星的磁场展开探测，发现天王星的磁场强度偏弱，并且，磁场有扭曲现象，没有规律可言。

❖ 行星

Part2 第二章

探测**太阳**

太阳——这个太阳系的中心，是人类生存必需的恒星，人类自然想要了解关于它的更多奥秘。于是，探测太阳之路陆续展开。

太阳系的中心

太阳是一个炽热的红巨星，位于太阳系中心，是太阳系中唯一的恒星，几大行星都围绕太阳而转。整个太阳系的物质几乎都集中在太阳上，所以太阳就是太阳系中至高无上的"领袖"。根据探测，太阳的体积是地球的 130 万倍，质量是地球质量的 33 万倍。太阳没有固体的星体或核心，从中心到边缘，可分为核反应区、辐射区、对流区和大气层。同时，太阳的大气层从内到外又被分为光球层、色球层和日冕，我们平常所看到的太阳就是它明亮的光球层。

◆ 太阳

探测原因

对太阳展开探测工作意义非凡，因为太阳的剧烈活动会对地球产生巨大影响。比如，太阳的黑子活动，向外发射高能粒子，可引起地球上电离层扰动和磁场爆发；太阳上带电粒子流形成的太阳风，会影响地球的气候、短波通信和人造卫星的正常运行；太阳的耀斑爆发会产生大量的紫外线、X 射线、γ 射线和高能带电粒子，它们扰乱地球磁场，引起磁暴，破坏电离层，造成短波电信中断，伤害地球上的生物和电信设备。由此可以看出，太阳上的这些活动与我们的日常生活都息息相关。

观测卫星

人类第一次展开对太阳大规模探测是在 1995 年 12 月，美国和欧洲太空局联合研制的太阳观测卫星成功发射。这颗太阳观测卫星在日地之间的引力平衡点——日晕轨道上运行，它携带着太阳大气遥感仪、太阳风测量仪、太阳震动

❖ 太阳表面

测量仪三大类 11 种探测仪器，每天 24 小时不间断地工作。观测卫星在运行期间，成功传送回大量数据和照片，使人类对太阳的内外结构，以及太阳风的起源与组成有了进一步的了解。

首探太阳

1990 年 10 月美国的"尤利西斯"号太阳探测器由"发现"号航天飞机成功送入预定轨道。"尤利西斯"号要执行的探测任务是探测太阳两极及其巨大的磁场、太阳风等。根据太阳探测器发回的观测数据，人类了解到大量关于太阳磁场的信息，并通过对太阳风观测，发现不同纬度上太阳风的速度不同，同时还了解到太阳表面其他活动情况。

❖ 日食

第三章
推动社会进步的发明

　　人类社会的发展进程，始终离不开科技发明的推动，辨别方向的指南针使人类认知世界的路途越来越清晰，汽车、火车等交通工具的出现更是符合了工业化革命的需求，无线电报可以更快捷地实现人与人之间的沟通……科学发明不仅使我们的生活更加丰富多彩，也推动了我们的社会走进一个又一个更新的时代。

Part3 第三章

发明**指南针**

指南针是中国古代文明给予世界的重大贡献，它的发明与中国先民的智慧分不开，它是由战国时期发现的磁石脱胎而来。

最初的司南

❖ 司南

　　春秋战国时的先民已经发现了"磁石"，一种像慈母怀抱自己孩子一样"亲近"铁的石头，并且从这种石头身上发现指示南北的特点。东汉王充《论衡》中"司南之杓，投之于地，其柢指南"，描述的正是司南在转动静止时，指示南北的特性。根据后来还原的模型，这个有磁力的勺子可以指示南北。而关于司南指示南北的最早记录出现在《韩非子·有度》。司南出现之后，使人们能比较有效地辨别方向，但是在磨制工艺和指向精确性上受到限制，所以未能得到推广。

制作指南鱼

　　制作司南的材料是有指示南北性质的天然磁石，这种磁石的来源使司南的制作受限，同时制作较难，磁性也较弱。因此人类一直寻找能制作更精良的指示南北的工具。北宋时出现了指南鱼，将铁片剪成首尾两端尖细的鱼形，在炭火中烧红后，以一定角度斜放到水中，即可指示南北。指南鱼是用人造的磁铁片和磁铁针，也可以用人工磁化的方法制作而成，在一定程度上比司南指示方向的性能更进步。

发明指南针

北宋沈括的《梦溪笔谈》有关于指南针的最早记载。记载中还提到指南针一共有四种用法：水浮法、指甲旋定法、碗唇旋定法和缕悬法。将指南针放在盛水的碗中，它浮在水面上静止的时候就可以指示南北；也可以放在指甲上慢慢转动，静止时同样能指明方向；或是放在碗边等待旋转指针静止；或是在磁针中部涂蜡，用一根细丝线沾上蜡后，悬挂在空中进行指示。指南针的制作方法更为简单，使用方法也更为方便。

指南针的意义

❖ 指南针

指南针更为简易的制作和使用方法，使它一经发明，就得到广泛应用。最值得一提的是指南针在航海业的应用，不仅推动了海上贸易发展，对东西方文化交流也起到了重要的促进作用。发展到现在，指南针在航海、航空、采矿、探险活动中发挥着重要作用。尤其是我们日常生活中，指南针是外出旅行时的必备之物。

温度计的发展历程

在长度和体积都有测量的工具和方法后，人类开始思考如何对温度进行测量。最终，科学家伽利略发明出第一个测量温度的仪器——温度计。

发明空气温度计

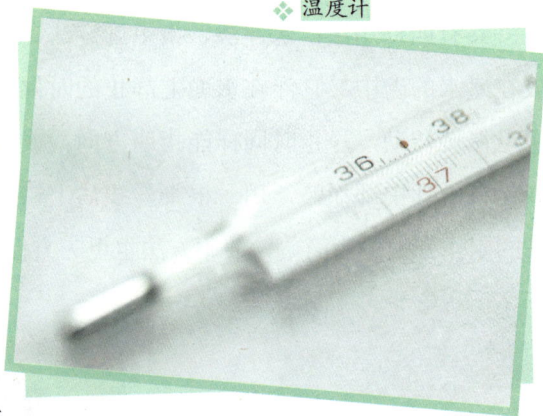
❖ 温度计

温度计诞生已经有 400 余年的历史，最早要追溯到 1592 年。在这一年，意大利科学家伽利略制造出第一支空气温度计。首先，他把细长的玻璃管进行改造，一端敞口，一端拉制成鸡蛋一样大小的空心玻璃球，玻璃球内放上容易观察的带有颜色的水，另一端倒插到装有水的瓶子里。随着温度高低的变化，玻璃球内的空气热胀冷缩，玻璃管里的水位下降或上升。如果在玻璃管上标注刻度，就可以测量出温度。

发明酒精温度计

伽利略发明的空气温度计，测量温度会因为大气压力有些误差。针对这一点，意大利费迪南德大公发明了液体温度计。1654 年，通过对不同液体热胀冷缩情况进行比对，费迪南德选择体积变化显著的酒精，制造出第一支酒温度计是测量温度仪器的总称，具体可以分为煤油温度计、酒精温度计、水银温度计、气体温度计、电阻温度计、辐射温度计和光测温度计。测量人体温度的水银温度计为比较传统的体温计，现在陆续又有耳朵电子温度计、探温贴条、电子口腔温度计等能更便捷地测量人体体温。

精温度计。首先，他将带颜色的酒精放进带有空心玻璃球的螺旋状玻璃管，随后加热玻璃球，赶跑玻璃管中的空气，密封玻璃管，最后标上刻度。这种酒精温度计不受大气压力影响，因为酒精在 1 个标准大气压下，沸点为 78℃，凝点是 -114℃，所以，通常情况下，这种温度计能测量到最高温度 78℃。相比空气温度计，酒精温度计以简单的构造，方便的制作，精确的测量被世人广泛应用。现在我们测量气温，尤其是室温，通常就使用酒精温度计。

发明水银温度计

现在普遍用于测定体温的温度计——水银温度计的发明，要追溯到 18 世纪 70 年代。由于酒精温度计受其沸点限制不能测量较高温度，于是，水银温度计应运而生。1714 年，德籍荷兰物理学家加布里埃尔·丹尼尔·华伦海特开始以水银代替酒精进行尝试。水银因为经常混有氧化物，容易附着于玻璃管壁，影响测量的准确性，华伦海特发明出使水银纯化的方法，解决了这一难题。华伦海特把水、冰和氯化氨或盐的混合物的温度作为一个固定点，定为 0F，把人的健康体温作为另一个固定点，定为 96F；随后，他把冰水的混合物作为第三个固定点，定为 32F，把水在标准大气压下的沸点作为一个固定点，定为 212F。这种华氏温度计至今仍被美国、加拿大、英国、南非等国家广泛使用。

❖ 温度计

■ Part3 第三章

发明避雷针

曾经捕捉过雷电的美国发明家富兰克林，一生之中为人类的科学文化事业贡献卓越，避雷针就是他对人类的伟大贡献之一。

避雷针的雏形

◆ 避雷针塔

虽然世人普遍认为避雷针是由美国发明家富兰克林发明的，但查找中国历史资料，会发现关于避雷针更早的记录是在唐代《炙毂子》一书中。书中记载了汉朝有宫殿遭遇雷击发生火灾的情节，当时有巫师提出建议，在屋顶上放置一块鱼尾形状的铜瓦，可以防止这类现象发生。虽然没有记载巫师如此安排的原因，但这已经是人类文献中有关避雷针的最早记录。这块鱼尾形状的铜瓦也可以认为是现代避雷针的雏形。

富兰克林做的实验

1747 年，富兰克林用莱顿瓶进行放电实验时，看到莱顿瓶中的电火花，认为可能就是一种小型的雷电。为了进行验证，五年后，富兰克林进行了著名的采集雷电实验。在一个狂风大作，雷电交加的傍晚，富兰克林将自己用绸子改造过的大风筝放飞到天空。这只风筝顶上安有又尖又细的铁丝，铁丝又被丝线连接通向地面，一把铜钥匙接在丝线的末端并插进莱顿瓶中。随着风筝在天空中越飞越高，接近乌云时，雷电响起，富兰克林看到丝线全部竖立起来。为了进一步试探，富兰克林又用手指靠近铜钥匙，顿时有蓝色的电火花闪起，他的手指也感觉到有触电那样的灼热和麻木。这样的结果表明，天上的雷电已经被他成功捕捉了下来。储存在莱顿瓶的天电与地电一样，可以产生一切的电所能产生的现象，从而一举破除了人们对雷电的迷信。

> **知识小链接**
>
> 法国旅行家卡勃里欧别在他的《中国新事》中提到：中国古代房屋，尤其是宫殿屋脊两端，都有一个仰起的龙头设置，龙口吐出的舌头为金属，伸向天空，舌根连接着细的铁丝通到地下。如果雷电击中了屋宇，电流会从金属龙舌沿铁丝一路行到地底，这样就能有效避免雷电对建筑物的毁坏。

征服雷电的避雷针

雷电会对人们生活造成损害，所以，富兰克林在了解了雷电之后，开始想办法解决这个问题。根据金属棒的尖端容易吸收电流的特点，富兰克林在1753年找到了征服雷电的方法——避雷针。避雷针由一根数米长的铁杆和一根粗导线构成，导线一端与铁杆连接，另一端埋进地下，这样就可以将雷电引到地面，避免建筑物遭雷击。避雷针一经发明，效果明显，于是迅速得到广泛使用。

❖ 进口避雷针

■ **Part3** 第三章

汽车的出现

纵观人类交通工具发展史，汽车的出现是在具有里程碑的意义，使人类的联系更加快捷。

蒸汽动力的机车

在很长一段时间内，马车是东西方重要的交通工具。随着时代发展，马车已不能满足人类需要，于是迫切需要动力机器的出现。18 世纪 70 年代，法国军队制造出方便运输武器的三轮蒸汽牵引机，80 年代初，英国特里维希克发明了第一辆载人动力车辆——四轮蒸汽篷车出来。一直到 80 年代中期，蒸

❖ 汽车

汽机车虽然存在着笨重、嘈杂还有烟熏火燎的弊端，但仍作为载客工具广泛应用。不过，在使用过程中，人们又发现这种机车存在一定危险。

知识小链接

我国公交事业的发展起步于 1908 年，这一年 3 月 5 日，第一辆有轨电车开始在上海运营；1934 年 4 月，双层汽车开始正式投入运营；1949 年，上海公交公司实行交通月票；1908 年，上海第一条有轨电车线路通车；1996 年 7 月，上海第一辆空调公交车投入运营；2002 年底，世界第一条磁悬浮轨道线在上海浦东试运营。

汽车之父

"汽车之父"是指卡尔·本茨和戴姆勒。德国人卡尔·本茨于 1879 年制作出世界上第一台单缸煤气发动机。1886 年 1 月，德国皇家专利局颁给卡尔·本茨第一辆汽车制造专利，我们大家耳熟能详的"奔驰"车也正是卡尔·本茨以自己的名字命名的汽车品牌。戈特利布·戴姆勒是奔驰公司的另一位创始人，他的杰出贡献表现在将马车改造成用汽油机驱动的四轮汽车。自此之后，全世界第一辆真正意义上的四轮汽车才开始出现。1986 年，国际汽车百年华诞圣典由世界著名的汽车公司戴姆勒 - 奔驰公司主办，这也再次肯定了"汽车之父"——卡尔·本茨和戈特利布·戴姆勒在汽车业的非凡成就。

平民汽车

汽车发明之初，都是被贵族阶级所垄断，怎样才能让所有人都能坐得上汽车呢？这个想法产生之后，福特汽车的创始人亨利·福特马上展开相应的研究。1908 年，一种价格低廉的平民汽车由福特汽车公司生产出来。该汽车一经问世，立即受到众人追捧，销量一举上升到世界汽

❖ 跑车

❖ 豪华轿车

车销售榜首位。1921年，福特汽车的产量已经占到世界汽车总产量的一半以上。

"婴儿"号公共汽车

❖ 轿车展示

人类历史发展到19世纪时，城市扩张、工作路途更远、工业革命爆发等，这些问题的出现对交通工具的发展再次提出要求。1827年时，世界上第一辆装有发动机的公共汽车——"婴儿"号公共汽车，由英国人霍尔特·汉考克成功制造出来。这辆公共汽车以蒸汽机为动力装置，载客量得到很大提升，扩大到10人。在伦敦到斯特拉特福的试验性运营中，"婴儿"号公共汽车获得成功，因为顺应了时代潮流，所以成为当时世界上最重要的交通工具之一。

发明**红绿灯**

随着交通事业的蓬勃发展，一些问题也开始浮现，车流量大，车辆伤人等，如何有效疏通车流、提高安全指数成为重要问题。

有人考虑在一些繁华街区的十字路口设置一些辅助行人车辆通行的方式方法。发展到 19 世纪时，英国伦敦议会大厦前经常发生车辆伤人事件，再次引发人们对交通安全问题的关注。由于英国部分城市以红绿装来表示已婚和未婚的身份，人们想到可以用不同颜色的灯来表示交通信号，以此来指挥交通。于是在 1868 年 12 月，世界上第一盏红绿灯在伦敦会议大厦广场诞生，它是由英国机械师德·哈特设计并制造的煤气交通信号灯。这种红绿灯高 7 米，灯柱上挂有一盏红、绿两色的提灯，一名警察站在灯的下面，

❖ 红绿灯

手持长杆进行颜色变换。随后人们又在信号灯上安装了灯罩，以红绿玻璃交替遮挡表示信号。可惜这种煤气灯在使用了 23 天后莫名爆炸，并且炸死了当时正在值勤的警察。于是，交通信号灯被停止使用。

人们并没有停止对红绿灯的研究改进，希望能继续发挥它指示交通的作用。

1914年时，美国克利夫兰、纽约和芝加哥都陆续使用交通红绿灯，这种信号灯，已经不用人为操作，是电器信号灯。

20世纪初期的一天，看到十字路口绿灯出现后，一位中国人打算过马路，突然，一辆急转弯的汽车从他身边开过。惊吓之余，此人开始考虑对红绿灯进行改进，他想到再添加一个颜色——黄色，以提醒人们注意安全。这个建议一经提出即

知识小链接

根据光学原理，红色光波波长最长，穿透空气能力强，最能引起行人注意，所以作为禁止通行的信号；黄色光波波长较长，穿透空气能力较强，所以作为警告信号；绿色与红色区别最大，容易分辨，并且显示距离也远，所以作为通行的信号。

被采用，从那之后，红、黄、绿三色信号灯开始在全世界范围内使用。

❖ 红绿灯

第一盏三色灯——一个三色圆形四面投影器于1918年在纽约市投入使用。而这个黄色信号灯的发明者是中国的胡汝鼎，他本着"科学救国"的愿望来到美国，并以自己的智慧为交通信号灯的完善做出重要贡献。

我国马路上的红绿灯最早出现在1928年，在上海的英租界使用。

"红灯停、绿灯行、黄灯要注意！"交通灯和交通规则的使用，有效地提高了交通质量和生活质量，而交通信号灯从煤气提灯到电气控制，从计算机控制到今天普遍使用的电子定时，体现出人类科技的不断进步。

Part3 第三章

发明火车

从最初依靠马力和人力拉动到以木柴、煤炭为燃料，火车发展至今，因其运输量大，方便快捷的特点，一直深受人们的喜欢。

随着工业革命席卷欧洲各国，机器大工业生产格局对交通运输工具提出了更高的要求。机器工厂需要频繁运输大量的工业燃料和生产原料，一直以来都是船舶和马车来担此重任，这显然不能适应时代的需要，因此，交通工具的改革和创新已经迫在眉睫。

相比火车来说，铁轨比它诞生的时间还要早。起初的路轨是

❖ 火车

知识小链接

进入到21世纪以来，世界各国都在大力发展高速列车。其中法国的巴黎到里昂的高速铁路，速度达到300千米/时；日本的东京到大阪的高速列车，时速在500千米/时以上；这样的速度人们仍不满意，于是又出现了磁悬浮列车。在我国的上海就修建了世界上第一条商用磁悬浮列车，时速达到700～800千米/时。

用木材铺成，由人力或牲畜拉动，用来运输矿石等。路轨由木材换成铁条，是一个很偶然的机会。那是在1767年，因为金属价格下跌，英国有个铁厂老板想把囤积的生铁先储存起来，等到价格涨上去再出售。于是派人将生铁浇铸成长的铁条，铺在工厂道路上，结果人们发现这样用铁条

铺成的道路，使车辆可以平稳运行。就是这样一个契机，铁轨诞生了。

最初走在铁轨上的车辆靠马力拉动，根本不能体现出铁轨的高价值。1783年，默多克制造出用蒸汽机做动力的车子；1807年，特里维希克和维维安制造出用蒸汽机推动的车子，但都因为存在一定缺点，没有得到推广。不过，他们这些发明为以后火车的出现提供了很大的帮助。

1781年出生的斯蒂芬孙，家境贫寒，一家人全靠父亲的工资生活。他的父亲是一个煤矿上的蒸汽机司炉工，斯蒂芬孙子承父业，很早就来到煤矿，做见习司炉工。他认真地从事着自己的工作，并在拆装机器过程中了解到了机器的结构。同时，他又勤奋好学，通过上夜校学习学会了机械和制图方面的知识。有一次，他成功设计了一台机器，得到肯定之后，越发勤奋，对自己的工作也越发熟练。

❖ 火车

后来，斯蒂芬孙开始研制蒸汽机车。他总结了特里维希克和维维安设计中存在的问题，对产生蒸汽的锅炉进行改进，将立式锅炉改成卧式锅炉，并将过于笨重的蒸汽机车放在轨道上行驶。同时他还进行了一些细节上的改造，比如，在车轮边上加上轮缘，在承重的两条路轨间加装了一条有齿的轨道，在机车上装上棘轮，所有细节都准备充分之后，他着手进行制造。于是，蒸汽机车问世了。

❖ 火车

1814年，斯蒂芬孙发明出"布鲁克"，这个铁家伙的重量达到5吨，依

❖ 火车

靠车头上的飞轮惯性推动机车运动。这种蒸汽机车的运输量明显强大了很多，可以带动总重约 30 吨的 8 个车厢。

但是，这种蒸汽机车也存在不足。比如过于笨重导致运行过程中震动过大，存在翻车的危险；另外，速度有待提高。

针对这些问题，斯蒂芬孙又进行相应的改造。一辆更先进的蒸汽机车——"旅行号"诞生了。当时，有个叫皮斯的人正在计划铺设铁轨，不过，他铺设铁轨是想供马车来运输。听到这个消息，斯蒂芬孙将自己的火车创意告诉皮斯先生，颇具经济头脑的皮斯先生意识到这个新鲜事物也许比马车更为实用，于是委托斯蒂芬孙制造一台蒸汽机车。

1825 年 9 月 27 日，斯蒂芬孙亲自驾驶世界上第一列火车，在 4 万余名观众的注目中沿着铁轨喷云吐雾而来。铁路旁的铜管乐队也静静等待着火车的出现。一声激昂的汽笛声吸引了围观人们的注意，这个有着 12 节煤车、20 节客车车厢的铁家伙疾驰过来。火车越来越近，大家已经感觉到地面的颤动，这种颤动让所有的人都瞠目。火车慢慢停下，威武地展现在人们面前。人群

❖ 火车

欢呼不已，音乐声也激昂地响起来，这列火车，让全世界震撼。

火车的优点显而易见——速度快、平稳、舒适、安全可靠，所以，一经问世，就被其他工业革命强国迅速引进。一轮修筑铁路、建造机车的热潮轰轰烈烈展开。欧美各国发展最为快速，其中美国在 1832 年，就修建了 17 条铁路。

火车的发明者和倡导者斯蒂芬孙，一直从事着和火车有关的相应工作，在许多铁路工程中担任顾问。在这个过程中，蒸汽机车的轮子由两对发展到五对、六对，而铁路建筑、桥梁设计、机车和车辆制造中的问题也都能一一得到解决。就这样，以火车为主的运输业蓬勃地发展起来。

火车方便了我们的日常生活，使我们拥有更经济更便捷的交通方式，同时在货物运输中也担当着重要角色。即使是在各类交通工具飞速发展的今天，火车依然是重要的运输工具，发挥着不可替代的作用。

❖ 火车

■ **Part3** 第三章

热气球运动

> 自古以来，可以像鸟儿一样飞上天空是人类一直的梦想，世界各地的人们都在为这个梦想努力，希望有朝一日能够实现。

飞上天空的热气球

热气球的发明源于一个很偶然的机会。法国的蒙戈菲尔兄弟一直从事着造纸行业，1782 年的一天，他们无意中看到放在炉火旁边的纸箱像要浮起来似的，仔细分析后知道，是由于壁炉中发出的热空气使它们产生了向上的浮力。这个发现使兄弟俩有了一个大胆的想法，可不可以用更为轻盈的材质和更为猛烈的热力，使空气产生推动力，进而向更高的天空飞去？于是，他们找来一个用纸和亚麻布糊成的直径约 12 米的气球，底部开口，在地面燃烧湿草和羊毛。试验结果是热烟灌入气球后，气球成功上

❖ 热气球

升。受到这个试验成功的鼓舞，兄弟二人在 1783 年的 6 月、9 月和 11 月分别在里昂安诺内广场、巴黎凡尔赛宫前、黎穆埃特堡进行了热气球升空表演。1783 年 11 月 21 日，他们进行了世界上第一次热气球载人空中航行。

飞上天空的氢气球

蒙戈菲尔兄弟在进行了这一系列成功的热气球飞行表演之后，想向巴黎科学院申请研究支持。这个项目得到科学院的肯定，但研究任务却交给了物理学家查理教授。教授先生想对热气球从填充气体到气球材质方面进行改进。首先，查理教授用氢气——空气中最轻的气体来填入气球，又用在丝绸上涂橡胶的方式做成不透气的气球材质。结果第一次试飞失败，查理总结后发现，随着气球升高，周围空气压力会相应降低，气囊内的氢气会剧烈膨胀，从而引起爆炸。查理教授随即进行相应改造，安装了通气管和砂袋气阀等等装置。1783年12月人类历史上的第一个氢气球在巴黎实现升空飞行。查理教授不仅制造了第一个氢气球，还是乘坐氢气球飞行的第一人。

知识小链接

热气球飞行的动力是风。所以要想进行高效飞行，必须选择速度和方向都合适的高空气流。一天中太阳刚升起或太阳落山前一、二个小时是热气球飞行的最佳时间。热气球没有方向舵，它的运动方向是随风而行，想调整方向需要寻找不同的风层。热气球最高的飞行纪录是3048米。

热气球运动

热气球从发明至今，乘坐热气球环球旅行早已成为热门运动。因为气候是影响热气球环球飞行的最大因素，所以每年的12月和1月，北半球高空气流的流速达到一年中的峰值，最快达每小时400千米时，于是飞行者们就开始进行冬季环球飞行。

国际航联将热气球定为最安全的航天器，它也开始更广泛地应用于体育、商业和高空科学探测与实验。

❖ 热气球

Part3 第三章

电影的出现

当我们坐在影院观看精彩的电影画面时，一定不知道，促进电影雏形出现的机缘是为了看清楚马在奔跑时四蹄落地的情况。

争执引出契机

❖ 电影院

1872 年，美国加利福尼亚洲的一个酒店内，围绕马在奔跑时四蹄落地的情况出现了一场争执。一方认为奔跑时，四蹄腾空；一方认为，奔跑时有一蹄着地。这个争执中到底谁对谁错，无法判断，因为马的奔跑速度过快，同时又没有人能在如此快的速度中看到准确的画面。但是，问题总是要有解决办法的。英国摄影师爱德沃德·迈布里奇采用了让马给自己照相的方式来解决这个问题。首先他在马匹的跑道两侧进行了一番布置。他在跑道一侧放置了 24 根系上细绳的木桩，细绳横穿跑道，另一端系住对面 24 架照相机的快门。马一经过，24 根引线依次绊断，相机的快门依次拉动，拍下 24 张照片。这些照片结果显示，马在奔跑时一蹄着地，由此争论得到解决。

马雷博士

　　法国生物学家马雷博士对迈布里奇的方法产生兴趣，他觉得对之进行改造，可以拍摄动物的动作来供自己研究使用。1888 年，"固定底片连续摄影机"在马雷博士手中诞生。这个摄影机改进了连续拍照时底片曝光的方式，以两个抓钩固定住感光纸带使镜头曝光。这个发明是电影发展中重要的一环，因为它使用到了感光纸带，用它代替原来的感光盘。

❖ 电影海报

爱迪生的发明

　　在随后的改进中，发明家爱迪生在 1891 年 5 月，又发明出了"活动物体的连续照片放映机"。首先拍摄一系列照片，然后设置好底片，使底片以合适的速度经过闪光灯，利用灯闪亮又立即熄灭的方式，使画面不断重复，如此可以在每秒之内形成 46 个影像，每分钟 2760 个影像，随后对这些画面进行放映时，画面看起来就像连续运动了。

电影诞生

　　最终使电影完美诞生的是法国的卢米埃尔兄弟的设计。他们解决了电影胶片如何间歇通过放映机片门的问题，又在电影胶片后面安装电灯，作为放映光源。这样，以光线透过胶片和透镜，将画面射到银幕，电影完整的播放程序至此全部脱胎而出。

　　1895 年，卢米埃尔兄弟在巴黎格兰德咖啡馆大厅中，向世人首次进行电影展示。举世赞叹的同时，这一天——1895 年的 12 月 28 日，也成为电影正式诞生的日子。

发明安全炸药

炸药并不仅仅用于战争，它在焰火以及矿山爆破方面也发挥着重要作用，而诺贝尔发明炸药的目的正是为了减轻开矿工人的繁重工作。

火药的发明和传播

火药的发明要归功于中国古代的炼丹师。他们在为帝王炼制丹药的时候，无意中把木炭、硝石和硫磺放在一起，结果出现意想不到的火焰，这三种物质其实就是火药最基本的三种原料。8世纪的时候，火药的配方漂洋过海传到了阿拉伯和波斯，又经阿拉伯传到欧洲。火药技术后来被欧洲人应用于战争，引起欧洲历史的变革。

诺贝尔的炸药

在诺贝尔发明炸药之前，意大利人索布雷罗最先合成了爆炸力极强的硝化甘油。虽然硝化甘油引燃后可以炸开岩石，但使用时安全性不高。基于这一点，诺贝尔想寻找安全性能高的炸药。1862年，诺贝尔在试验中得到了自己想要的结果。他将装有硝化甘油的玻璃管管口封死，放到装满火药的金属管，再点燃事先插好的导火管，扔到水中，一声沉闷的爆炸声响起，代表着炸药试验成功。第二年，诺贝尔又发明了雷酸汞引爆装置，它的爆炸力和敏感度极高，在和几类火药混合使用后，即使轻微的碰撞摩擦都能引起爆炸。这个具有划时代意义的发明使诺贝尔在1864年获得发明专利。

黄色炸药

1865 年，诺贝尔建立了世界上第一家生产硝化甘油炸药的制造厂——硝化甘油股份公司。诺贝尔的发明获得世人认可，但他并没有停下改进炸药的研究进程。1867 年，他又研制出黄色炸药。第二年，又发明"达那炸药"，将海底、湖底的硅藻土与硝化甘油按 1：3 的比例混合制成。这样的比例，使硝化甘油的灵敏性能降低，威力也随之降低，这并不是诺贝尔想要的结果，所以诺贝尔开始寻找能够替代硅藻土的物质。

知识小链接

1260 年，元世祖的军队在同叙利亚的战争中失败，获胜的阿拉伯人缴获了火箭、火炮及震天雷在内的火药武器，从此，火药的制造和使用被阿拉伯人掌握。西欧各国直到文艺复兴之后，才在阿拉伯人那里掌握到了火药的配方，比中国落后数百年之久。火药以及火药武器传入欧洲，"是一种工业的，也就是经济的进步"（恩格斯语）。

安全炸药的发明

1875 年诺贝尔发明了"爆炸胶"，这是因为他发现硝化甘油溶于火棉胶后成为胶体，一方面保留爆炸力，同时又没有硝化甘油的不稳定性，并且生产成本也随之降低，这样的结果让诺贝尔很是满意。

❖ 炸药

安全炸药的发明，提高了炸药在使用过程中的安全性能，在大量使用后，很少发生事故。安全炸药的发明使诺贝尔再次获得世人的赞誉。

Part3 第三章

发明地动仪

地震是对人类生活危害性很大的自然灾害，在通讯不发达的古代，发生地震后，如何能及时掌握地震发生的位置情况呢？

候风地动仪

◆ 张衡

公元 132 年，我国东汉时期的天文学家张衡发明了世界上第一台检测地震的仪器——候风地动仪。地动仪樽体外部周围是按东、南、西、北、东南、东北、西南、西北方向布列的八个龙头，每个龙嘴中都衔有一个铜球。八个蟾蜍蹲在地上，个个昂头张嘴，对着龙头，准备接住铜球。地动仪内部中央是一根铜质"都柱"，柱旁分别是八条通道，称为"八道"，龙头即和这些内部通道中的机关相连。地震发生时，地动仪樽体随之运动，触动发生地震方向的龙头，使龙头张嘴，吐出铜球，落到对应的铜蟾蜍嘴里。人们听到铜球掉落的声音，即可知道地震发生的方向。

实行检测

《后汉书》除了详细记载地动仪的构造之外，还记载着在公元 134 年，地动仪曾成功检测出地震方位。当看到地动仪的龙嘴中铜球掉落，人们急忙打探相应方位的京师（洛阳）是否有地震发生，但京师并没有地震发生。正在人们对地动仪产生怀疑的时候，陇西（今甘肃省天水地区）飞马来报，该地有地震发生。至此，人们才确信地动仪的实用性。虽然地动仪是在地震发生后才能知道地震发生地点，不能进行提前预测，但仍然为世人所佩服。

知识小链接

张衡，是我国东汉时期伟大的天文学家、数学家、发明家、地理学家、制图学家、文学家和学者。他为我国天文学、机械技术、地震学的发展做出了不可磨灭的贡献。张衡一生观测记录了2500多颗恒星，制造出表演天象的浑天仪和指示方向指南车等。因为他的杰出贡献，太阳系中的1802号小行星被命名为"张衡星"。

后代复制

因为张衡的地动仪是有记载的世界上第一台检测地震的仪器，所以陆续有人想根据书中记载进行复原。只是上千年来，根据所记载的简单记录，都不能复制成功。后来，张衡的这一发明成果流传到国外，日本的服部一三和荻原尊礼以及英国人米尔恩先后尝试复原地动仪，但都只是比较成功地画出地动仪的样貌而已。我国的考古学家王振铎先生从1957年开始着手复原地动仪工作，终于成功制造出一架木质的"张衡地动仪"模型。模型虽然制作出来，但没有张衡所设计的检验地震的能力。这个模型就是我们教材上常见的地动仪图形。1978年，美国创作出"张衡地动仪"概念图。

地动仪

世界各地学者一直没有停止对地动仪的复原和研究工作。只不过10多种地动仪复原模型，都是外部类似，不能进行检测地震和演示功能。张衡发明的地动仪是完全可以检测地震发生的，因为这一点已经在2005年被中国地震局冯锐研究员根据"悬挂摆原理"进行了证实。

Part3 第三章

发明**无线电报**

人类通讯发展史中，无线电报的出现是一次伟大的革命，从那之后，人与人之间空间距离再远，也可以进行快速有效的沟通交流。

双针电报机

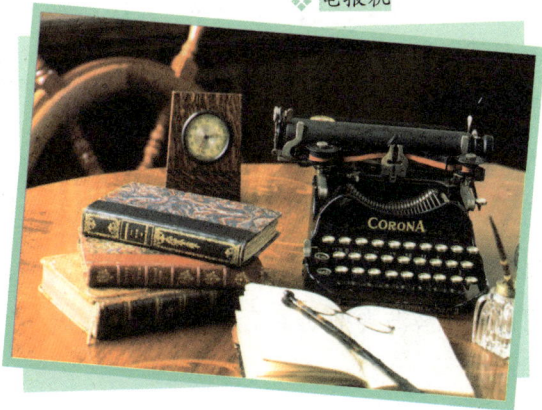
❖ 电报机

俄国外交官希林，在接触到同时代先进的电学知识后，从 1822 年开始研究电磁电报机，7 年后，他发明出电磁式单针电报机，这是人类历史上第一台电磁电报机。随后，英国人库克看到指针检流计做电报试验后，得到灵感，在 1837 年同伦敦皇家学院的教授惠斯通合作，发明了通讯史上第一台双针电报机。

莫尔斯的发明

在库克发明双针电报机的同一年，美国人莫尔斯研制成功传递莫尔斯电码的电报机。电报机靠电流有规律地中断传递信号，而莫尔斯发明的电码，由点、画和空白组合成且操作简单、准确性高、经济实用。人类历史上第一封长途电报，由莫尔斯于 1844 年 5 月成功传送。这封电报是莫尔斯使用传递莫尔斯电码的电报机发出的,内容是"上帝创造了何等的奇迹"。电报能传播到 70 千米之外,成功的试验,使欧洲各国开始纷纷使用莫尔斯电报机。时至今日,电报机进行了许多改进,而莫尔斯电码仍被很多国家继续使用。

无线电报

因为发送电报需要架设电报线才能传递,那么是否可以实现通讯上的无线化呢? 1894 年,俄国人波波夫制造出一台电磁波接收机,这台电报机已经具有发送无线电报的功能。但波波夫仍有点不太满意,继续改进不足的地方。在一切筹备就绪后,人类历史的第一份无线电报被波波夫在 1896 年成功发送。虽然距离为 250 米,但毕竟是实现了无线传送。随后,无线通讯的距离越来越远,由 250 米提高到 640 米,再到 1897 年的 5000 米。可以说,波波夫推动了无线电通信的发展使用。

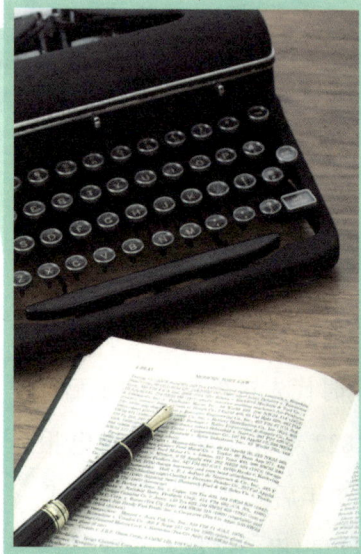

❖ 电报机

远距离无线电

在提高和促进无线电报通讯过程中,还有一个人功不可没,他就是英国的马可尼。马可尼在 1894 年,亲自试验发射电磁波成功之后,又开始提高电波信号的传输距离。从一开始的 2700 米到 1901 年成功跨越大西洋——英国的电波信号可以成功传递到加拿大。如此远距离的无线通讯,举世震惊。随后,马可尼在英国建立了世界第一家无线电器材公司。无线电报技术随着马可尼的推广,开始在全球普及。

Part3 第三章

发明机械照相机

人类最早保存自己影像的方法就是绘画或雕刻，随着科学技术的发展，人类发明出了更为先进更为生动的留影方式。

第一台照相机

❖ 机械照相机

1826年，人类历史上第一台照相机由法国人尼普斯制造出来，不过用他的相机进行留影的是他家的谷仓和鸽子窝。这台"便携式木箱照相机"，最主要的结构是两个木箱，尼普斯将一个镶有毛玻璃的木箱放在装有镜头架的木箱内滑动，用以调焦。这台相机的曝光时间为8个小时，同时这台相机进行拍照时，对光线也有一定要求，必须是天气晴好阳光灿烂。因为这个时候，电灯还没发明出来。

达盖尔银版照相法

很快就有人对这种相机进行了改造。1839年，法国达盖尔的银版照相机改造成功，相机依然是由两个木箱构成，依然是一个木箱插入另一个木箱中进行调焦，但他开始用镜头盖作为快门，使得相片曝光时间缩短为30分钟，而且图像清晰。发明家本人将这种拍照方法命名为"达盖尔银版照相法",为此他还得到了法国政府的紫绶勋章。

❖ 机械照相机

自动照相机

自动照相机由美国人乔治·伊斯曼发明。这种照相机改变了操作烦琐携带不便的问题,机型开始变小,携带也方面,最重要的是操作方便,一摁快门就可自动拍照。因此,这种照相机很快就被普通大众接受。乔治·伊斯曼创建了世界著名的柯达公司,经营公司所赚取的利润又被用来继续开发研究相机。正是在他的努力之下,照相机才开始进入了千家万户。

相机工作原理

通常我们使用的照相机有三个系统:成像、曝光和辅助。其中,成像系统的功能就是使景物聚焦在胶片上,包括镜头和测距调焦;曝光系统用来控制胶片的感光量,由快门和光圈等构成;辅助系统的功能是换胶片和计算相片数量等,包括卷片结构和计数结构等。

我们平时拍照时,对准的景物会使它的反射光线被镜头和快门聚焦,这时在暗箱内的感光材料上会出现被摄景物的潜影,这个潜影是光线和胶片发生化学作用之后才得以出现的。随后运用显影和定影技术冲洗底片,被摄景物就永远地留存在相纸上了。

❖ 机械照相机

■ Part3 第三章

留影的**胶卷**

> 胶卷是人们用机械相机拍照留念时必不可少的，相机用来记录，胶卷用来留影，而关于胶卷又有哪些曲折的发展经历呢？

发明

一提到胶卷，有一个名字不可回避，那就是伊斯曼，他创造的柯达胶卷曾在很长一段时间内左右着世界胶卷市场的方向。

随着各种成像技术的完善，对摄影用的感光材质的要求也开始被人们重视起来。19 世纪相机发明之初，人们多采用的是湿片，这种材质使用起来过于麻烦。美国的伊斯曼就开始思考，以发明更实用的感光材料作为自己改进摄影技术的主要方向。他从一本杂志上了解到有摄影家正在研究一种明乳胶剂，敏锐的他立刻意识到这种明乳胶剂可以作为感光材料，替代湿片，于是，他根据杂志上刊登的配方进行制作，不仅制作成功，使用效果也不错。他开始大规模生产和销售自己制作的产品，而这正是胶卷界翘楚——柯达胶卷的前身。后来，他发现自己的照相干版又笨重又不易携带，便着手改进，在 1884 年，发明出操作更为简易的照片卷纸，即刻拍照，即刻冲洗，印刷之后，就可以看到照片。如此便捷的操作，很受人们欢

❖ 胶卷

迎，伊斯曼随即成立公司，并将自己的产品——柯达胶卷大量投入生产。到了 1889 年，伊斯曼又发明了更为新型的感光胶片，这种胶片不仅提升了照相的质量，还为电影的诞生做了很好的铺垫。

组成

胶卷主要由感光乳剂、片基、保护膜和防光晕层几部分组成。光基用来支撑感光乳剂，而决定胶卷质量的正是感光乳剂，即卤化银和照相明胶。其中胶卷用来感光的部分就是卤化银，受光线的照射后卤化银形成潜影，成像在照相明胶上，再经过显影，即将形成银颗粒的点放大，就成为我们所看到的胶片了。

分类

最先被人们使用的是黑白胶卷。黑白胶卷按其感色性能可分为全色片、分色片、色盲片、红外线片、X 光片等。其中最常用的是全色片，对自然界各种色彩都能以深浅不同的黑色调子进行显示。这种胶片现在常用于印刷制版，也多用于风光摄影。随后，又出现了彩色胶卷。摄影用的彩色

❖ 胶卷

胶卷分为彩色负片和彩色反转片。彩色负片多用于制作彩色照片，用途比较广泛；彩色反转片经过反转冲洗工艺，可以得到更为清晰的彩色照片。

Part3 第三章

电灯的发明

> 火的出现开始将人类带进了光明的世界，而以电照明的白炽灯的发明，更是将人类带进了更为安全和更为明亮的美好世界。

寻求光明

❖ 白炽灯

　　人类最初用来照明的油灯和蜡烛都有污染空气和容易失火的弱点，那如何改进呢？又用什么来替代火照明呢？1801年，英国化学家戴维发现铂丝通电发光，于是发明了以电弧照明的电烛。随后，又有科学家不断探索。1854年，戈培尔将碳化的竹丝放在真空的玻璃瓶中通电，竹丝可以发光，维持了400多个小时。这也可以说是一个有实际效用的白炽灯。但他没有将此发明推广。1878年，英国人约瑟夫·威尔森·斯旺，发明出在真空环境中用碳丝通电的灯泡，随后申请并得到英国专利，此时距他开始着手研究灯泡已经过去了28年。

爱迪生尝试灯丝

　　1874年，加拿大的两名电气技师在玻璃泡中充入氮气，通电之后的碳杆发光。虽然他们将这个发明申请了专利，却无力继续发展。专利卖给了大发明家爱迪生。爱迪生不满意灯泡中的灯丝，开始尝试换用各种材料作为白炽灯的灯丝，一共尝试了 1600 多种，甚至还用上了朋友的胡子，通过将试验结果进行比对，他最终采用了碳丝灯。

发明电灯

1879 年 10 月，爱迪生将灯泡抽成几乎真空后封口，接通电流，真空状态下的灯丝——碳

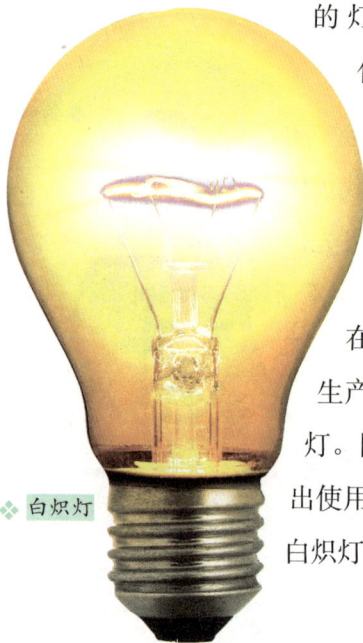

❖ 白炽灯

化棉发出了光亮，虽然持续亮的时间短了些，才 45 个小时，但这已经是真正意义上的白炽灯了。爱迪生对灯照时间不满意，继续进行灯丝的改进，于是，又出现了碳化竹丝灯，这样的灯丝使用寿命已经得到延长。于是，在 1880 年 10 月，爱迪生开始将这种灯泡投入生产，生产出的产品就是世界最早的商品化的白炽灯。随后，爱迪生继续他的灯丝改造，最终又制造出使用寿命更长的钨丝灯，这就是我们现在所熟知的白炽灯。

> **知识小链接**
>
> 爱迪生是美国甚至全世界最伟大的发明家之一，他一生之中拥有超过 2000 项的发明，有 1093 项专利。他发明了对世界产生重大影响的留声机、电影摄影机、钨丝灯泡、同步发报机，改良了电话、复印机等，他的发明甚至还涉及到矿业和建筑业。迄今为止，没有任何一个人打破他的发明纪录和专利纪录。

塑料的发明

从最早的石器到青铜器，再到铁器，使用材料的变革都带动了社会进步，而塑料的出现更是直接影响了现代工业和日常生活。

第一次出现

英国伯明翰的化学家亚历山大·帕克斯，是一个爱好摄影的人，在他所生活的19世纪中，还没有出现已经生产好的胶片和化学药品，如果拍照时要使用的话，就需要自己制作。一次，帕克斯用"胶棉"

❖ 塑料筐

——平时用来将光敏的化学药品粘在玻璃板进行显影的物品，与樟脑混合后，出现了一种他从没见过的材料，这种材料偏硬，但却可以弯曲，他取名为"帕克辛"。由于帕克斯缺乏商业意识，虽然将这种发明投入生产，但不久后还是破产。而这种在1872年出现的"帕克辛"可以说是塑料制品的雏形。

再次改进

19世纪时，台球运动中用到的台球都是用象牙制成，而象牙的稀少和昂贵满足不了使用需求。于是，有制造台球的公司高薪征集象牙的替代物。纽约的印刷商海亚特加入到了寻求象牙替代物的研发队伍中，他在帕克斯发明的基础之上进行改进，第一次用化学方法制成了塑料。在制作过程中，他减少了乙醇和乙醚的使用量，以提高温度和压力的方式将硝酸纤维素加进樟脑酒精溶液，于是"赛璐珞"塑料出现。它以低廉的生产成本取代了象牙成了制造台球的塑料制品。

"赛璐珞"不仅制作成了日用产品，还影响到电影工业的发展，因为人们利用它做出了一种更为实用的照相底片，这种底片极大地促进了电影工业发展的进程，因此"赛璐珞"塑料成为了电影工业的同义词。

> **知识小链接**
>
> 每个塑料的器皿底部都有一个数字，如果是"1"，常见于矿泉水瓶和碳酸塑料瓶，这类瓶子不提倡循环使用；编码为"2"常见于清洁用品和沐浴用品；"3"常见于雨衣、建筑和塑料膜或盖，难清洗易残留；"4"常见于保鲜膜和塑料膜，不可加热；"5"为微波炉餐盒和保鲜盒；"6"为碗装泡面盒和快餐盒；"7"为水壶、水杯和奶瓶。

最终合成

发展到 20 世纪初时，由于电力的发展，用来包裹电缆的虫胶制品需求量开始增大。但虫胶价格昂贵，大家开始寻求虫胶替代物。比利时美裔化学家利奥·贝克兰从 1907 年到 1909 年展开研究，他发现苯酚与甲醛反应后，会生成

❖ 塑料盖

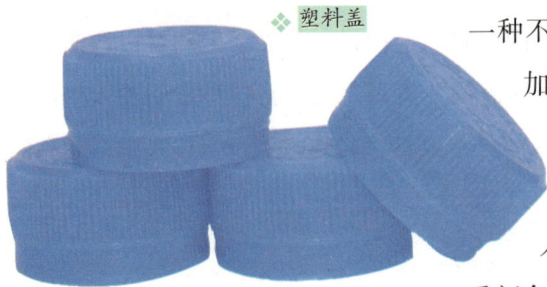

一种不溶的树脂，继续加入苯酚后，加压加热，即刻变得柔软可塑，甚至能永远保留模塑的形状。

如果将变硬树脂磨成粉末，装入模子，重新加热加压，又可以重新合体。这种被称作"电木"塑料，是第一种真正意义上的塑料。而这种塑料一经出现就深入到人们的日常生活中。所以说，这种材料的出现使人类的生活再次进入了一个全新的时代。因此人们把"现代塑料工业的奠基人"的赞誉给了利奥·贝克兰。

■ Part3 第三章

发明合成**橡胶**

在现代社会中，人们已经发明出代替金属的高聚物，其中合成橡胶就是一种，它以伸缩自如、弹性好和可塑性极强的性能而被广泛应用。

天然橡胶

在热带地区生活着的人们发现，割开橡胶树的树干，流出的乳白色胶液凝固后，会成为半透明的橡胶块。这个变化从古代印第安人时代就已经被发现。这种天然橡胶还被印第安人使用到了生活之中，它们被制作成雨衣和瓶罐以及各类玩具。这些天然橡胶制品使探险而来的人们很是惊叹，他们都会带一些此类制品回到自己的国家，而这些制品同样使他们的国民震惊。其中人类用来擦掉铅笔痕迹的"橡皮擦"就是橡胶制品。

❖ 橡胶轮胎

发现硫化橡胶

这类天然橡胶优良的弹性使世人震惊，如果能自己合成生产出来就更好了。于是，众多科学家展开了对天然橡胶的研究。1839 年，美国人古德伊尔在一次试验时，无意之中将橡胶和硫磺的混合物掉在炉火上，却发现这类混合物不因加热变黏，不因遇冷变硬，始终柔软而富有弹性。硫化橡胶就在这样一个"意外"中被发现了。

发明合成橡胶

在古德伊尔发明硫化橡胶之后，1845年英国的汤姆森开始将它用在人们乘坐的车子上，发明出充气橡胶管，并将它套在车轮上。人们在乘坐这种轮胎的车子之后，发现它比金属或木头更让人舒适，因此这种发明被授予专利。随着汽车大量增加，橡胶的需求量也日益飞升。于是，许多国家开始设计合成橡胶。德国化学家发现，异戊二烯长时间放置后会变软，经过处理会产生类似橡胶的物质，但这类物质缺少弹性，没有得到大规模使用。

合成天然橡胶

由于橡胶用途广泛，所以人类一直展开着对合成橡胶的研究。在第一次世界大战中，德国为了缓解橡胶匮乏的问题，合成了甲基橡胶，但它的耐压性不高，很快被淘汰。随后在第二次世界大战中，日本为了控制橡胶，攻占了马来西亚，对橡胶使用量庞大的美国产生了很大的压力。美国开始大规模研究合成橡胶。1955年，美国终于合成了一种橡胶，这种橡胶与天然橡胶的性能和结构基本一样。随后，美国又发明出乙丙橡胶和更多具有特殊性能的橡胶。

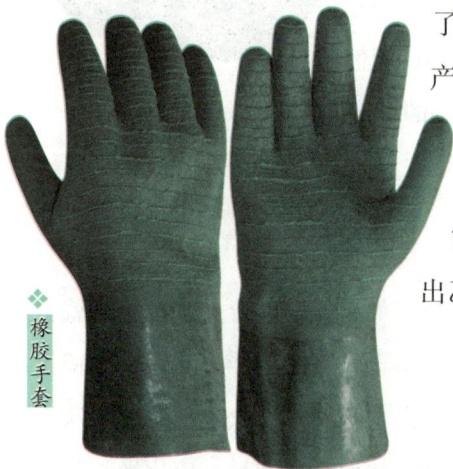

❖ 橡胶手套

■ Part3 第三章

发明**显微镜**

自古以来，我们都以自己的肉眼来观察世界，而在我们视力范围之外，还存在着丰富无比的微小世界，如何对它们进行观察了解呢？

显微镜诞生

1590 年，有两个调皮的孩子走进自己父亲——荷兰眼镜制造技师哈里耶斯·詹森的作坊中玩，父亲不在，两个孩子更加调皮，随意地将镜片拿在手中上下比对，其中一个将镜片放进铜管后看书，发现书页上的小字母瞬间变大了，吃惊之余，大喊起来。这个发现后来被父亲知道了，詹森按自己孩子所叙述的，在铜管中放进两块镜片，还真看到字母变大了。詹森根据这一现象，继续进行研究，日益完善之后，一个放大倍数远远高于放大镜的仪器诞生出来，这种由一个双凸透镜和一个双凹透镜组成的仪器就是显微镜。

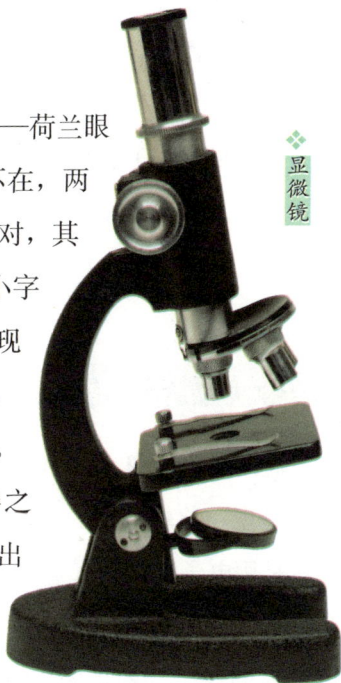

显微镜

微生物世界

1675 年，荷兰的列文虎克将显微镜的倍数提到了 200 倍，这样的显微镜可以观测到一滴雨水中的微生物世界。小小的一滴雨水里，竟然有数不清的形态各异的小生物，它们在这一滴雨水中来回游弋。这一滴雨水是人类第一次看到的有别于人类世界的微生物世界。随后，为了提高观测效果，列文虎克又发明了光学显微镜。

知识小链接

显微镜与生物学之间有着密切的关系。动植物生长的基本单位就是细胞，显微镜可以更好地观测生物的细胞结构，因此它促进了细胞学说的诞生。人类借助显微镜可以进入到细胞这些微观世界，所以微生物学开始得到发展。

电子显微镜

光学显微镜发明之后，广泛应用于相应的领域，尤其是医学研究。随着时代发展，人们开始迫切希望有更先进的显微镜出现。1931年，一种新式的显微镜——电子显微镜被研制出来，它的出现引起生物学界的革命。电子显微镜的发明人是德国物理学家恩斯特·鲁斯卡。1928年鲁斯卡开始着手试验，他发现通过磁场的电子束会使物体产生放大的效果，电子有着比光更短的波长，有着可以将物体放大更大倍数的空间。所以，他同朋友合作研究，用电子束和聚焦线圈进行实验，历经5年，一台放大倍数高达1.2万倍的超级显微镜诞生了。

电子显微镜类型

通用式电子显微镜和扫描式电子显微镜是现在比较常用的两种电子显微镜。前者是用电子枪在高真空系统中发射电子束，穿过被研究的试样，在荧光屏上显示经电子透镜放大的像；后者是先用电子束对试样逐点扫描，再根据电视原理放大成像于电视显像管上。

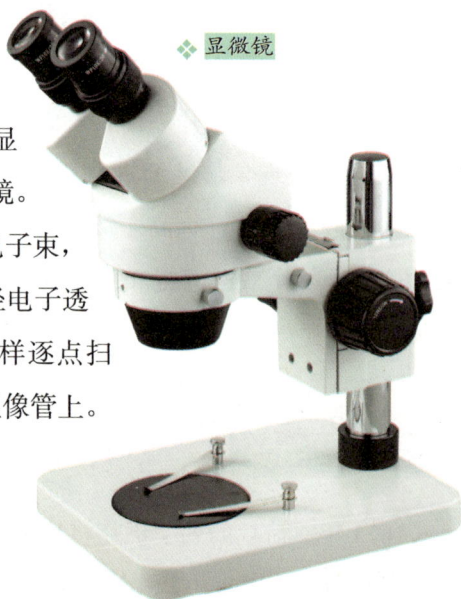

❖ 显微镜

Part3 第三章

发明潜望镜

潜望镜多用于战争中，从潜水艇到坑道再到坦克，可以在隐蔽的位置观测海面和地面的情况，是作战中必不可少的工具之一。

潜望镜用途

❖ 潜望镜的原理

潜望镜，根据字面意思理解就是潜伏在安全隐蔽的位置，去观察危险地区的情况，一般多用于潜艇，是海上防护工作中的重要工具之一。潜望镜在望远镜原有基础上加了两个反射镜，这样的设置可以使物体在自然光下通过两次反射进入人眼。潜望镜在观察物体、估算距离并提供观测物信息、实施地标导航或天文导航等方面有着重要功能。

最早的潜望镜

西汉《淮南子》中有这样的记载：用高挂的镜子反映四周映像，反射到水盆中间，这样直接观测水盆，就可潜望四周景象。这样的设置就利用到了潜望镜原理。所以说，世界上最早的潜望镜雏形就是中国古人发明的，他们在公元前2世纪就已经掌握平面镜组合反射光线的原理。虽然制作简陋粗糙，但道理却和近代所使用的潜望镜原理惊人一致。

发明现代潜望镜

随着作战的需要，潜艇出现，而潜艇对地面进行观测工作又促进了潜望镜的出现。1906年德国海军建成第一艘使用相当完善的光学潜望镜潜艇。德国制造的这种光学潜望镜由物镜、转像系统和目镜等部分构成。它也存在着一些不足，比如距离不够远，视野不够宽，图像质量也不好，并且，必须借助太阳光线才能观测。而在光学潜望镜出现之前的1854年，法国人玛丽·戴维曾设计出具有两个反射镜的观察镜；20世纪初期，英国的霍华德·格拉布和美国的西蒙·莱克，都提出过有关潜望镜发展的相关理论并获得专利。

知识小链接

简易潜望镜制作方法：取两块小镜子，用较硬的纸片做成两个直角弯头圆筒，圆筒的直径要大过小镜子。在纸筒的两个直角处都打开一个45°的斜口。将两面小镜子相对插入斜口处，用纸条粘好，再将两个直角圆筒套在一起即可。使用时，握住筒底，转动上筒，就能从底筒看到远处。

眺望前景

在第一次和第二次世界大战中，频繁的海战中使用了数量巨大的潜艇，而潜望镜技术也随之不得不相应提高。在人们现在的认知中，潜艇的重要性越来越大，所以，对于潜望镜的研究开发也越来越被人们重视。可以说，随着现代科学技术的日益发展和完备，潜望镜的研发前景一定无限广阔。

❖ 潜望镜

第四章
改变人类生活的发明

科学技术蓬勃发展主要集中在近三四百年间。这三四百年中，与人类生活密切相关的各种发明集中出现，小到日常生活中的一面镜子、一块玻璃，大到和生活密切相关的电子设备，这些发明贴近日常生活，使人类的生活更为便捷。

Part4 第四章

发明镜子

当古代先人偶然站在湖边，看到水中出现自己的倒影时，思考着是否有什么东西能同湖水一样照见自己的模样。

追溯世界各地的历史，都能找到带有自己民族特点的各种形态的镜子。其中，我们中国的镜子，最早可以追溯到夏商时期，这个时期的先人已经开始使用抛光的铜镜，经过抛光打磨的青铜，可以清晰照出人的模样。铜镜在中国使用了很长一段时间。唐朝皇帝李世民曾经说过："人以铜为镜，可以正衣冠……"这句"以铜为镜"说的正是青铜镜。

而现在使用的玻璃镜子最早是在威尼斯出现的。

威尼斯从 13 世纪开始就是世界玻璃业的中心，被誉为"玻璃

❖ 各式各样的镜子

王国"。最早出现的玻璃镜子的制造工艺也很简单，只需要在玻璃面上贴上锡箔，再倒上可以溶解锡的水银，就会出现一种黏稠的银白色的"锡汞剂"，紧紧黏附在玻璃上，这样就做成了最初的玻璃镜子。

玻璃镜子使用起来简便轻盈，很受人们喜欢，成为达官贵族一种时髦的物品。据说在 1600 年，法国王后玛丽·德·美第奇举行婚礼时，威尼斯国王以一面价值达 15 万金法郎的小玻璃镜作为贺礼。

威尼斯依靠这项技术赚了不少钱，这引起了法国贵族的嫉妒，他们迫切想知道玻璃镜子制造的方法是什么。法国通过驻威尼斯的大使，想方设法地窃取了制造玻璃镜子的秘密情报。于是，1666 年，在诺曼底建造了第一座制造玻璃镜的工厂。玻璃镜子用水银制造的秘密尽人皆知，因此价格降低，寻常百姓都能拥有了。

知识小链接

镜子上出现的映像都是左右颠倒的，如果你在镜子中用左眼对自己使眼色，你看到的却是右眼眨眼；司机可以通过镜子看到后面的路况；望远镜被天文学家用来观测神秘的宇宙天体；哈勃太空望远镜用了世界上最大最光滑的镜片来收集最微弱的星光。

这种镜子在制作时也存在着一些问题，比如需要花费一个月的时间才能制造出一面水银玻璃镜子，再加上水银有毒，所以，这种镜子需要再次改进才行。

1843 年，德国发明出镀银的玻璃镜子。这种镜子的背面是一层薄的银层，使其更加耐用，我们现在使用的镜子差不多就是这样的。后来，人们在此基础上进行改动，将镀银层降低到最薄。这样镜子一面可以照人，一面又是透明的玻璃，可以在家庭和汽车玻璃上使用，因为从里面可以看到外面的东西，但外面却看不到里面。

到了 20 世纪 70 年代，科学家又发明出铝镜，就是将镀银换成镀铝，铝比银要便宜，用起来效果也很好，所以更受人们欢迎。

现在，镜子的作用已经不仅仅只是照人容颜，更多的作用开始凸现出来。尤其各种各样的曲面镜的出现，从更多方面对人类生活做出贡献。

❖ 镜子

Part4 第四章

发明玻璃

AOMIMIEPU

玻璃早已融入到人们的日常生活，玻璃制品不仅给我们带来美的享受，更成为生活中不可缺少的重要组成部分。

发明玻璃

❖ 玻璃

玻璃的发明是一个很偶然的事件。那是在 3000 年前，一艘运送天然苏打的商船由于海水落潮，搁浅在沙滩上。船上的腓尼基商人开始准备做饭，他们从船上抬下煮饭用的大锅，又从船上拿下几块苏打用来支锅。等到做完饭收拾时，突然看到锅下面有一些发光的东西。后来他们发现，这些亮晶晶的东西正是苏打与沙子发生化学反应的产物，而这种产物正是玻璃。另一个传说提到埃及发明的玻璃，工匠在制造陶瓷时无意中发现了亮晶晶的东西，而它也是由沙子和苏打混合在一起烧成的。

蓬勃发展

玻璃的制造工艺最初被垄断，只被少数国家掌握，比如意大利的威尼斯。发展到 13 世纪时，威尼斯的玻璃制造业已经享誉世界。后来，越来越多的欧洲国家相继掌握了玻璃制造的工艺，慢慢地，制造玻璃的工厂越来越多，开始有更多的国家大量使用玻璃制品。

制造平板玻璃

在继续传统玻璃制造业的同时，人们也在寻求着改进。14世纪时，人们学会了制造小玻璃板的方法——用铁管吹玻璃泡来制造小玻璃板。首先工人们创造出的是圆形的玻璃板。他们用铁管吹玻璃泡时，尽快地旋转铁管，在离心力作用下玻璃泡会向外扩展形成大圆盘，随后切断后冷却即可。但圆形不容易被固定，于是工人考虑其他形状。他们发现，从中间切开吹制后的圆柱形玻璃管，随后展平冷却，就可以得到稳定性好的方形玻璃了。

知识小链接

玻璃钢是玻璃和塑料复合制成。因为玻璃的特点是硬而易碎，为了克服玻璃易碎的缺点，人们想到钢材，因为钢材坚硬却不碎。一般玻璃的耐拉强度是普通钢材的八分之一，但玻璃纤维的耐拉强度增加了十几倍，以玻璃纤维做筋骨，以合成树脂做肌肉，凝结成一体时，抗拉强度就可以与钢材一样，因此叫作玻璃钢。

广阔市场

玻璃在一段时间内是奢侈品，而且制造高质量的玻璃成本更高。为了让玻璃更接近平民生活，1952年，英国科学家皮尔开始着手研究，最终在1959年，制造出了浮法玻璃。这种玻璃的用途更为广泛，而且使用效果也很好。

发展到现在，玻璃的用途和种类越来越多，也开始在更多的领域为人们生活服务，而且已经和水泥钢材一起成为三大建筑材料。

❖ 玻璃杯

Part4 第四章

发明最方便的**点火工具**

人类懂得用火，代表着社会生活的一大进步，而如何取火，从最初的钻木取火到击石取火再到火柴的出现，也表现出了人类的智慧。

最初的火柴

最初的火，在古人看来，只是一种自然现象，而且雷电或火山喷发带来的火，还会带来灾难，所以对火是敬畏的态度。后来无意中发现以雷电之火烧烤之后的动物肉，味道竟然比生吃可口，就慢慢接受了火。只不过，这个时候人类对火的使用仅仅是用在照明、取暖、烧烤食物等方面，都是从天然火中采集火种；后来人类学会了钻木取火，用快速搓动木棍的方式得到火；随后又出现了击打石块取火。发展到南北朝时期，有人发现用小木棒沾上硫磺，再进行摩擦，也能取火。这时的取火方式已经类似火柴。而这段记录应该是最早的和火柴有关的记录。这些火柴最大的作用是引火，后经过马可·波罗传入欧洲。其他国家也有关于火柴的历史，比如 1669 年，德国的布兰德提炼出黄磷，用沾上硫磺的小木棒在接触黄磷后，就可以出现火；又如 1805 年，法国人钱斯尔将小木棒上沾上氯酸钾和糖用树胶后，再接触硫磺，也可以出现火。这些都可以看成是火柴的最初形象。

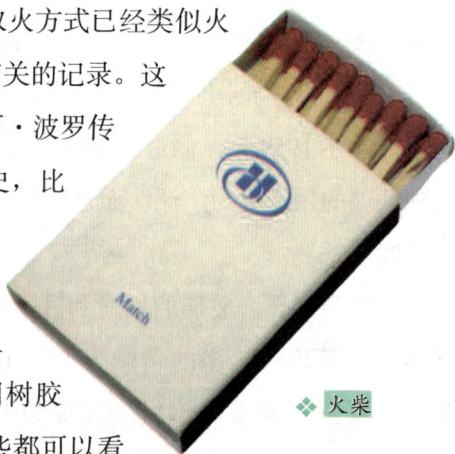

❖ 火柴

火柴的发展

火柴的日益完善主要集中在 19 世纪，从 1826 年英国人沃克制造出最具有实用价值的火柴到 1898 年法国人塞弗纳和卡昂发明硫化磷火柴，火柴的安全性一再提高，不同的火柴陆续出现，并得到推广。其中英国人沃克的火柴发明中已经出现用氯酸钾和三硫化锑做药头，随后手持小木棒，将药头在砂纸上用力擦划起火；5 年后，法国人索里亚以黄磷代替三硫化锑掺入药头中，但这种火柴容易引起火灾，而且黄磷也有剧毒；于是，1845 年，奥地利人施勒特尔用赤磷代替黄磷；1898 年，法国人塞弗纳和卡昂又用三硫化四磷取代黄磷制成火柴。火柴的发展越来越趋向安全，但最安全的还是瑞典人伦德斯特发明的安全火柴。这种火柴的火柴梗上沾有氯酸钾和硫磺的混合物，赤磷药料涂在火柴盒侧面，强氧化剂和强还原剂分开，所以，安全性提到最高，使用也最为广泛。

知识小链接

现在火柴慢慢被打火机所替代。打火机是小型的取火装置。它在抗风和抗湿性能方面要优于火柴。打火机的使用原理是以发动发火构件，使它迸出火花射向燃气区，从而引燃燃气。打火机所使用的燃料是可燃性气体。现在，打火机已经成为一种时尚用品。

❖ 火柴

火柴工业化发展

瑞典的贝里亚城在 1833 年建立起世界上第一家火柴厂，代表着火柴工业在欧洲的兴起。火柴来到中国之时，被称呼为"洋火"或"自来火"，代表了它舶来品的身份。1879 年在广东省佛山创办的巧明火柴厂，是中国的第一家火柴厂。到新中国成立之后，火柴制造才开始出现机械化和半自动化。

Part4 第四章

抽水马桶的问世

俗话说："民以食为天"，食后的如厕问题，也是同等重要的事情，从简陋的旱厕到现在干净舒适的抽水马桶，生活质量变化巨大。

最初的试验

最早进行试验的是 16 世纪时英国一个叫约翰·哈林顿的传教士。当时伊丽莎白女王在位，教士因犯罪而被流放。在流放期间，他设计出一种用水冲掉污物的厕所，他对自己的发明很满意，并且亲自为女王安装了一个抽水马桶。因为只是一个单独的设置，没有完善的排清洁水系统，所以不大被人们接受。但作为人类历史上的第一只抽水马桶，它的创意性还是值得肯定的。

进行改进

发展到 18 世纪时，绅士风气盛行的英国还在进行着抽水马桶的改造工作，其中起到重要作用的是一个叫亚历山大·克明斯的人。他在哈林顿设计的基础上制造出了冲水型抽水马桶。这种抽水马桶，和今天人们使用的类似，以手柄控制阀门，水箱排水，打开滑阀，冲走污物，干净便捷，政府很是认可，并且开始提倡人们使用。人们使用之后，也普遍接受。

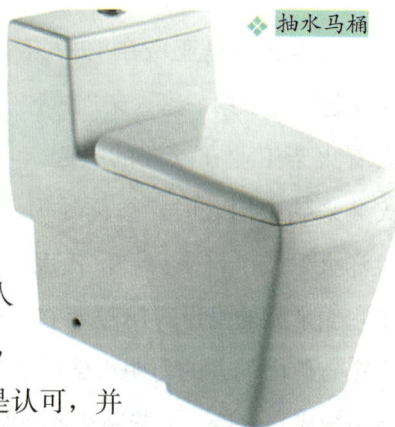

❖ 抽水马桶

再次改进

随后，和克明斯同时期的发明家约瑟夫·布拉梅又对抽水马桶再次改进。他在细节的地方进行了完善，比如三球阀和U形管的设计，它们一个可以控制水的流量，另一个可以保证污水管的味道不被传出。这样的设计更被政府和人们认可，于是该发明被授予专利。随后陶瓷工匠泰福德在1870年依据自己所熟知的陶瓷手艺，设计出了整体式陶瓷马桶，它的排水管设计成了S形，这样能更好地密封污水处的味道，而且成本比金属低很多。

最终成型

1889年，英国人再次对抽水马桶进行了大的改进，这种由博斯特尔发明的"冲洗式"抽水马桶的结构已完全和现代的相同。有储水箱和浮球阀，一拉水箱旁的链子，水箱出水，将马桶冲洗干净，而随后的浮球阀就会自动打开，将水箱重新灌满。这次设计最重要的一点是很多零件都使用不生锈的塑料制造。至此，抽水马桶已经定型，并在英国广泛使用开来。随后发展到19世纪后期，欧洲许多城镇安装上了自来水管道的排污系统，抽水马桶于是在欧洲盛行开来。

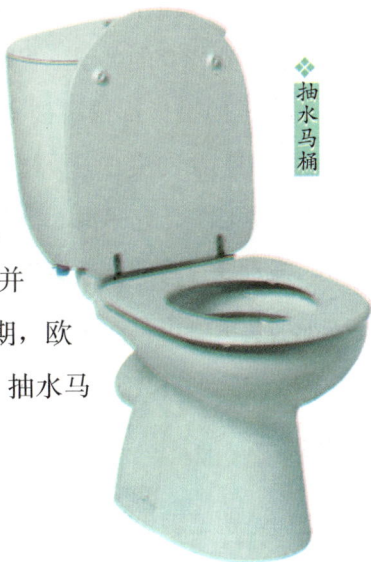

❖ 抽水马桶

135

■ Part4 第四章

发明拉链

小小的拉链是人类社会发展中最为实用的发明之一，虽然它的出现才仅仅百年，可却早已应用到人们生活的众多领域之中。

最初出现

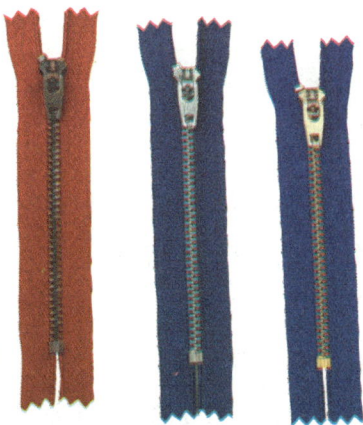

❖ 拉链

在 19 世纪，欧洲贵族女性的衣着结构繁复，穿戴的时候往往要花费很多时间穿系纽扣，这样太浪费时间。一开始人们想着用带或钩的方式来取代纽扣，但不理想。后来一个叫惠特科姆·贾德森的美国工程师看到因为缝缀纽扣，妻子的手指都快磨破了，激发起他寻找代替纽扣物品的决心。贾德森发明的东西叫"滑动绑紧器"，它是由一排钩子和一排扣眼构成，滑动铁质滑纽，就可以依次扣紧钩子和扣眼。这样的设计可以使人们从烦琐的扣系纽扣中解脱出来。

再次研究

随后，贾德森带着他的"滑动绑紧器"参加 1893 年的第十届博览会，人们赞誉有加，而且获得专利。于是，贾德森马不停蹄，与人合作创建公司，想批量生产这种绑紧器。

随后几年中，他制造出了专门生产这种绑紧器的机器。可人们在使用中发现了这种绑紧器的不足之处，那就是使用效果不好，而且容易脱钩开裂，外形也不够漂亮。因此，虽然投入生产，但销售情况不好。

知识小链接

拉链按不同制造材料可以分为尼龙拉链、树脂拉链和金属拉链；按品种不同可以分为闭尾拉链、开尾拉链、双闭尾拉链、双开尾拉链和单边开尾拉链；按结构可以分为闭口拉链和开口拉链，以及用于卧具帐篷的双开拉链；按功能可以分为自锁拉链、无锁拉链和半自动锁拉链。

最终完善

到1912年，有个叫森德巴克的人对

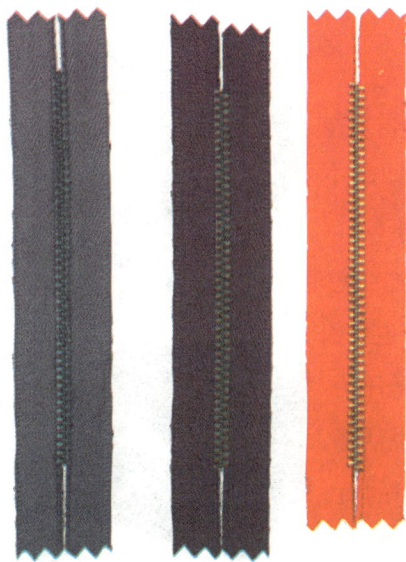

❖ 拉链

这种绑紧器进行了改造，他把拉链上的齿牙改造成了凹凸形状，这样就能彼此咬合，既结实又美观。随后，又出现了拉链机，从此使拉链的生产走上商业化道路。随后，一场震惊世界的空难事件使拉链开始走上世界舞台。在一次飞行表演中，飞行员驾驶着先进的飞机进行表演时，莫名坠机。经过调查发现，是因为飞行员衣服上掉下的一粒扣子落到了飞机发动机中。这次事故使森德巴克看到了拉链发展的良好机会，他立刻与国防部联系，建议飞行员穿着使用拉链的军装。新军装使拉链推广到了更多军队，也推广到欧洲以及全世界。

Part4 第四章

保留声音的机器——留声机

当我们听到优美的音乐，一定想着把优美的声音保留下来，可如何保留声音呢？伟大的发明家爱迪生帮助人们解决了这个问题。

发现端倪

爱迪生在做电报员时，发现高速发送电报信号时，上蜡的纸上由于标记了莫尔斯密码而凹凸不平，而这样凹凸不平的蜡纸摩擦过支撑着的弹簧时，有动听的声音出现。敏锐的爱迪生想起电话传话器中的膜板随着说话声也会引起震动，心中一动，马上开始试验。他发现，说话频率不同会使试验用的短针颤动不同，如果反过来看，这些颤动应该记录了当时的说话声。因此，他想如何把这些颤动还原为声音。

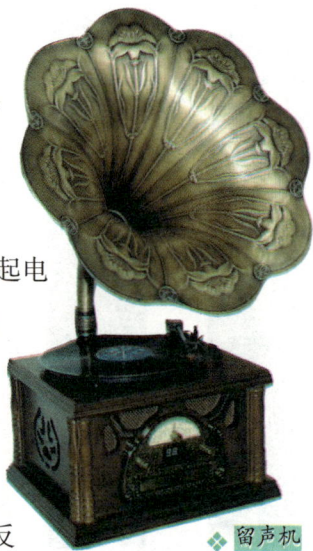

❖ 留声机

❖ 留声机

初次问世

1877 年 8 月 15 日，根据爱迪生设计的图样，世界上第一台留声机被制造出来。它可是个"怪家伙"：一个金属圆筒、两只振动膜板和大头针，谁能相信它会说话呢？结果，爱迪生对着喇叭说话，声音使振动膜板发生一定振动，连接振动膜板的大头针在针下的锡纸上按下深浅不一的凹陷，这些深浅不一的凹陷就是被记录下来的声音。如果想让这些被记录的声音重现，就让大头针重新走过这些凹陷即可。这种留声机类似后来人们使用的磁带录音机。这种机器一经问世，就震惊了世界。

知识小链接

爱迪生发明留声机时，以锡箔滚筒记录声音，每个滚筒只能播放两三次；后来有人将锡箔换为蜡，提高了使用次数；爱迪生随后又设计了以电池驱动的马达来代替手摇，增加了播放的稳定性；1888 年，德国人伯林纳使用扁圆形涂蜡锌版，这种锌版还能复制，是现在所使用的圆形唱片的始祖。

出现录音机

在随后的发展中，科学家们都希望能对这种机器再次进行改进。1888 年，科学家史密斯提出了改进留声机的设想，只是，实现这些设想的却是 10 年后丹麦的科学家保森根，第一台磁性录音机就是理论加实践的结果。1936 年，德国一个叫弗劳伊玛的人制造出了音质清晰，操作方便的磁带录音机。

留声机

■ Part4 第四章

洗衣机的发明史

自古以来，人类站在河边以棒槌砸洗衣物进行手工洗衣，是很多电视画面中出现的情况，而现在，这样的画面早已不复存在。

早期种类

早期出现的洗衣机原料都是木制。其中，英国设置的一种原始洗衣机，在六角形木桶内装置有木条制成的盒子，需要用手柄翻动盒里的衣物，清洗花费时间也长，而且无论哪一个环节都不能使双手解脱出来。大概 100 年后，美国又出现了一种较为先进的机械化洗衣桶。这种洗衣桶由匹兹堡的史密斯制造，它需要用手摇曲柄转动桶里的捣衣杵，捣衣杵再搅动衣物。几年后，史密斯又在原来的设计上增添了一个回动齿轮，改进了之前的手摇曲柄。另外，英国还出现一种铸铁洗衣锅，可以将水加热，但还是需要捣衣杵。

❖ 早期铸铁洗衣锅洗衣机

布莱克斯特的发明

随着人们对这种洗衣设备的改造，一种接近现代洗衣机类型的木制洗衣机在美国出现。比尔·布莱克斯特在 1874 年研制出来的这种洗衣机，依然以木桶为主，桶中心安了几张叶片，这几张叶片，依然以手柄操纵，但它们却可以替代捣衣杵的搅动作用，它们被齿轮带动，旋转后使衣服在水流中翻转摩擦，达到清洗的目的。

知识小链接

洗衣机可以分为：波轮式洗衣机，它由微电脑控制，可清洗和甩干衣物，但是费水；滚筒式洗衣机，最不损耗衣物，可对衣物进行全面洗涤，但是费时；搅拌式洗衣机，衣物洁净力较强，但噪音大；离子洗衣机，安装离子水发生器，分解普通水，以离子水洗衣。

出现电动洗衣机

随着电力设备的普及，洗衣机也出现了电力驱动。20 世纪初期，美国人费歇在圆桶型的洗衣机内部安装了电动机和带有刷子的主轴。接通电源，电动机可以驱动带刷子的主轴转动搅拌，水和衣物就相应地跟着旋转起，衣服就可以清洗干净。这是人类历史上第一台电动洗衣机，这种洗衣机减轻了人类劳动，使人类终于从洗衣中解脱出来，所以很是实用。

飞速发展

随着科学技术进一步发展，越来越多的精密机械被开发研制出来，洗衣机也在不断更新之中。美国的玛依塔格公司在 1922 年研制出搅拌式洗衣机，由传动机带动安有搅拌叶的立轴有规律旋转，达到清洗目的。而英国也出现了更为先进的滚筒式洗衣机和喷流式洗衣机。现代社会中，由于电子工业飞速发展，一些由微电脑操控的洗衣机也出现了。总之，洗衣机的出现解放了手工洗衣的烦琐，使人们的生活更便捷轻松，从而可以有更多的时间享受生活。

❖ 洗衣机

Part4 第四章

发明电话

电报的发明使得人们可以远距离传递消息，但却不能及时交流，于是，发明一种可以直接进行声音交流的设备迫在眉睫。

最初探索

最早展开远距离传送声音研究的是走在人类科技前沿的欧洲。德国的物理学家菲利普·赖斯就制造出电话最早的雏形。这种电话是用木头做成的，送话器经过电池受话器和电池串联，模仿耳朵的送话器有个膜片构造，而受话器有一个接受电波震动的电磁体。当送话器白金接点被触动，不同的震动经过电波使受话器磁针的长度改变，发音板接受振动，声音就可以被听到。只是，这样的研究有点不适合在现实社会中普遍推广。

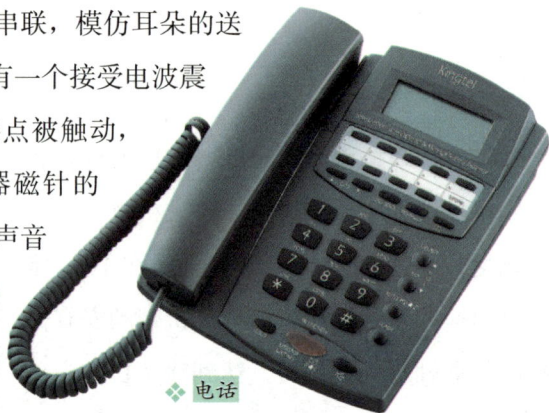

❖ 电话

发明电话

发明电话的任务最终是由亚历山大·贝尔完成的。1869 年，他在设计助听器的过程中，发现随着接通和切断电流，螺旋线圈会有声音出现，而这种声音让贝尔想起发送电报时的"滴答声"，由此，他开始考虑用电流来传递声音。在陆续展开研究的过程中，贝尔又经过一件事情梳理了思绪：他的助手在拨动簧片时，簧片震动出声，这样的现象使贝尔觉得簧片能发出声波状的电流，那么人的声音也应该可以，贝尔随即设计出草图。1875 年 6 月，草图成为实际可操作的实物——世界上第一部电话诞生。电话之

知识小链接

电话号码相当于每个电话的编号和名字，用以区分本地电话、长途电话和国际电话。每个地区根据划分都有不同的区号，不同地区之间通话时，需要先拨通区号。

间的通话是由贝尔先生和他的助手完成，而且，颇具戏剧性。那是 1875 年 6 月 2 日，贝尔和沃森特要对设备进行最后测试，沃森特在另一房间把耳朵贴在音箱上准备接听，贝尔在操作时不小心把硫酸溅到腿上，痛得叫了起来："沃森特先生，快到这边来，我需要帮助。"

电话一经问世即获认可，不仅获得专利，在科技成果展览时，更是被参观者追捧，好多话题围绕这部神奇的设备而来。

再次改进

大发明家爱迪生对贝尔发明的电话也产生了极大的兴趣，他发现了这种设备的不足，比如传递声音过小而且辨识力差，于是想对这种现象进行改进。在贝尔电话出现的第二年，他用一种叫炭黑的材料设置成纽扣样的小盘，把它们放在振动膜下，来加大声波传动之间的振动力度，于是声音开始变得清晰。爱迪生发明的这种新电话还大大延长了通话距离。同时，还有很多科学家都对电话进行了

❖ 老式电话

改进，使得它越来越完善，为提高人类生活质量而做出了贡献。

Part4 第四章

电梯的出现

工业革命的发展带来高层建筑，人们在体会到空间距离的开阔之后，也感觉到上楼下楼的费时费力，于是，电梯应运而生。

❖ 电梯

奥蒂斯的发明

人类使用升降工具来运送货物的历史很悠久，可以追溯到埃及修建金字塔时。人类历史上第一部真正意义上的安全升降梯是由美国科学家奥蒂斯研制开发出来的。研制的契机是因为一家制造公司要求奥蒂斯设置一台运送货物的升降梯。于是，他对当时使用的升降梯进行了整合研究，发现它们集中存在着一个很大的问题：如果出现吊绳断开的意外，那么被悬挂着的吊篮会发生坠毁事件。所以，奥蒂斯把自己研究的重点就放在吊篮的安全系数上。经过不懈努力，安全升降梯问世了。

初次表演

1854年，纽约的水晶宫展览会上，奥蒂斯对自己所设计的产品进行了推广式的公开演示。首先，他站在电梯平台，上升电梯，随后切断悬吊电梯的缆绳，围观的人一片惊呼，定睛看时，电梯依然安全地停在原处。于是，人群中欢呼声响起。奥蒂斯亲自演示的安全升降梯，一举获得成功，市场也随之相应打开。

初闯市场

在奥蒂斯公开演示成功的三年之后，纽约最繁华地区的一个公司，安装了世界上第一台安全客运升降梯。这台电梯以蒸汽动力驱动。该公司以经营瓷器和玻璃制品为主，用安全升降梯可以节约人力，提高安全系数。同时，该电梯也可以搭乘客户，加大了商场的客流量。而且，电梯的载重量也有了很大的提高，接近500千克，速度为12米/分钟。运营之后，给公司带来很大的经济效益。于是，较大的商场和公司都开始接纳这个新生事物。

电动升降梯

随着电力资源的开发利用，人们也开始思考用电力来驱动升降梯。于是在1880年，德国著名的西门子公司研制出世界上第一台电梯。第一部自动手扶电梯安装在巴黎"1900年世界博览会"大厅，一经出现，人们纷纷亲身体验，电梯这个新生事物很快被人们接受。随后，人流众多的商店和银行，开始预订这种手扶电梯。随后，电动扶梯又应运而生。而现在，无论去逛商场还是住在高层住宅区中，都能体会到电梯带给我们的便利。

❖ 电梯

Part4 第四章

发明电视机

看电视早已成为人们茶余饭后的重要消遣之一，因为打开电视，就可以"足不出户知天下"，电视机成为人们了解世界的重要窗口。

❖ 电视机

光电扫描圆盘

最初出现的可以进行图像传输并能显现图像的装置是1883年的一个发明。这一年，一种机械式光电扫描圆盘由德国工程师保罗·尼普科夫发明出来。这种圆盘在绕轴旋转时，扫描过图像，图像被分解成若干像素经硒光电池的光点转化，接收到末端圆盘，再显影在玻璃镜中。这种发明，首次出现图像经光电转化再次显现的过程，可以说是近代电视机的开端。

贝尔德的发明

英国人贝尔德被誉为"电视之父"，他利用五六年的时间，使电视机这种新生事物被人们接受。1925年，贝尔德对自己发明的电视机进行展示。次年，他在英国皇家学会用自己制作的电视机展示了一段活动影像。1927年，在贝尔德的努力下，远距离电视画面传送成功。随后一年，他再次把距离扩大，用短波在伦敦与纽约之间成功传送画面。而他后来组建的电视公司更是在 1929 年成功转播节目，并且是以音画同步的形式。可以说，电视机的成形以及电视转播节目的成形都离不开贝尔德。

法恩斯沃思的专利

在贝尔德展开对电视机的研究时，21 岁的法恩斯沃思也进行着电视传输设备的研究。1927 年，他利用电子技术，将玻璃板画像传送到接收机器上，除画面清晰度略显不足之外，其他运行情况良好。年轻有为的他在 1930 年获得专利，而这对他研究工作的进一步展开，起到了极大的促进作用。他继续研究，共有上百种电视传输设备出自他的研究，所以说，法恩斯沃思对现代电视的事业发展贡献突出。

官司之争

20 世纪曾经有一场著名的电视发明权的官司，发生在法恩斯沃思和佐里金之间。佐里金本是俄国人，后来在美国展开电子方面的研究工作，在 1923 年到 1933 年期间，他发明了一种"光电摄像管"，随后申请专利，后又研制电视摄像管和电视接收器。他的这项发明和法恩斯沃思的发明虽然设计不同，但原理概念近似，于是，官司随之而起。而对这场官司的判决起到决定性作用的证据，由法恩斯沃思的中学老师提供了一张法恩斯沃思 14 岁时所绘的电视构思图。这张构思图对获得官司胜利起到了关键的作用。

> **知识小链接**
>
> 3D 立体电视是最近兴盛起来的新兴电视形式。其中 3D 是三维立体图形 three-dimensional 的缩写。三维立体影像电视根据双眼观察物体角度不同使物体产生立体的效果，三维立体电视就是将左眼和右眼所看到的影像分离，使人无需借助其他设备就能体验立体的感觉。

❖ 电视机

Part4 第四章

音响的出现

音乐会这种殿堂级的音乐盛宴可能不是人人都有机会亲身体验的，但当你拥有一套家庭组合音响时，一饱耳福的音乐可以随时响起。

音响的组成

人的语言和音乐之外的声响就是音响。它的外延很广，自然环境的声响、机器工具的声响等，都属于它的范畴。人们所使用的音响设备是指包括功放、周边

◆ 音响

设备、扬声器、调音台、麦克风和显示设备的组合。声音输出设备、喇叭、低音炮等就是扬声器中的音箱。一个音箱包括高、中、低三种扬声器。

组合音响构成

具有收、录、放、唱功能的组合音响，是现代人生活中进行听觉盛宴的首选。组合音响是一种立体声放音系统，由音频信号源、放大器和扬声器等组成，因此，又被称为音乐中心。其中组合音响根据构成部分不同，可以分为台式、单机式和落地式三种。而现在，组合音响已经走进很多家庭，这种使用方便的设备，除功能齐全，还有着华丽的外观。音响设备的构成都由同一个厂家设计搭配，可以更好地进行组合，整体性更加美观。这样的设备可

以使人坐在家中就如同置身在音乐会之中，极大地提高了生活质量。

发展史

音响技术的发展分为四个阶段，分别是电子管、晶体管、集成电路、场效应管。从 20 世纪初期，音响的研究开发就开始进行。1906 年出现真空三极管，1927

知识小链接

现在比较流行的音响设备有 mp3、mp4、mp5 等，这些设备的特点都是尺寸小、易携带、外形时尚等，深受人们喜爱。它集功放、电池和双扬声器于一体，体积虽小，但音响效果不受影响，紧随时代潮流，一经推出，就赢得广大的市场。

年发明负反馈技术，发展到 20 世纪 50 年代时，电子管放大器出现蓬勃发展的局面，各种电子管放大器层出不穷。从电子管放大器中出来的声音音色圆润甜美，至今也为很多爱好者偏爱之物。20 世纪 60 年代出现晶体管，使音响天地的空间更为广阔。从晶体管放大器出来的音色细腻逼真，同样呈现给音乐爱好者广阔的音响天地。尤其是 20 世纪 60 年代初期时，美国推出了集成电路，随后，集成电路的研发开始蓬勃发展。10 年之间，集成电路以其良好的口碑，获得音响界的认可。场效应管在 20 世纪 70 年代中期由日本推出，

场效应管具有前面几代音响的优点，其中动态范围广的特点，使它很快流行在音响界中。

而现在，音响设备更趋于完善，设计越发人性化，使人们在生活中可以享受到越来越多美妙的音乐。

❖ 音响

微波炉的发明

在人们日愈追求效率、追求节奏的今天，很多电器的设计都为方便生活节省时间而设计，其中微波炉一出现就成为厨房的好助手。

认识微波

从 20 世纪 20 年代开始，军用微波雷达被英国科学家研制开发出来，随后，他们同美国的雷声公司开始合作。1945 年，雷声公司的职员佩西·斯宾塞在做雷达试验时，发现口袋里的巧克力受热融化。他最初怀疑巧克力装在口袋中受到自己的身体温度影响融化，但他还是心存疑虑。科学发明往往就产生在这样的契机之中，而就在斯宾塞一再探究这种现象之后，微波越来越引起他的注意，在不断研究之后，他发现了微波具有热效应。

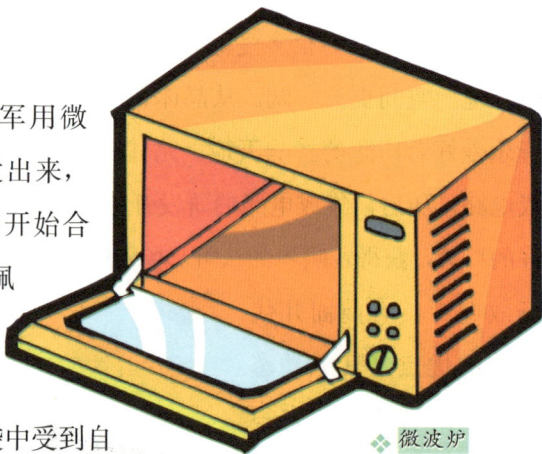

❖ 微波炉

初显成就

斯宾塞在连续多次的试验中，发现了微波的热效应。热效应是指微波在与物质的相互作用中，被物质吸收后进行内部传递，从而使物体发热。那么，是否可以利用这一现象对物体进行加热呢？于是，一台简易的以微波加热的炉子制作出来了。发明出来之后，斯宾塞首先用姜饼开始进行加热试验。在他屡次变化磁控管的功率之后，食物烤制成功。

知识小链接

如今微波炉出现了升级版——光波炉，它们之间的原理不同。光波炉采用光波和微波双重加热，使加热速度提高，瞬间即可加热食物。微波炉的烧烤管使用的是铜管或石英管，而光波炉采用的是石英管或光波管，虽然成本略有增加，但使用效果比微波炉更好。

走向家庭

随后，斯宾塞所在的雷声公司获得该项发明的专利，但在当时，微波炉大多用在工商业。

由于微波炉最初的发现是因为受到雷达的启发，所以最初的名字是"雷达炉"。最初的微波炉成本太高，使用时间也短，所以不被大多数人接受。但以微波加热食物的创意很好，所以，继续有科学家在此基础之上进行着改进。于是，一种更实用、价格更低的微波炉在1965年被乔治·福斯特和斯宾塞一起发明出来。两年后，开始出现家用的微波炉，它以低廉的价格推向市场，销量最好时，一次就卖出了5万多台，而在使用之后被人们认可，形成良好的市场口碑，微波炉的销售市场越来越大。

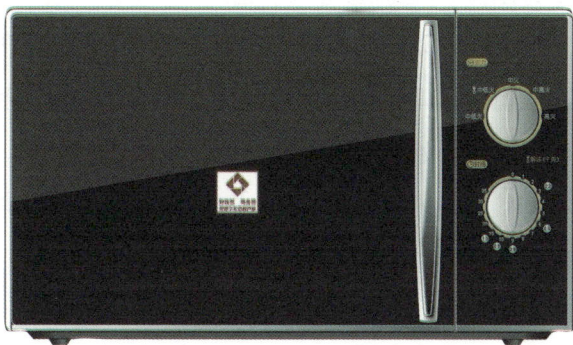

❖ 微波炉

厨房帮手

因为操作简单，微波炉陆续走入到普通家庭。在烹饪的时候，接通电源，微波产生的热量可以直接深入到食物之中，由内而外进行加热，使烹饪速度提高几倍，而且，在加热食品的过程中，能使食物均匀加热，不会外焦内生。简便快捷卫生的使用效果，使微波炉在厨房之中的作用越来越重要，成为人们日常生活的得力帮手。

Part4 第四章

发明移动电话

现代社会人与人之间日益增多的交流，促使了移动电话的出现，它具有沟通及时、使用便捷的特点，早已成为人们日常生活的必需用品。

手机雏形

◆ 第一部移动电话

移动电话，就是人们口中的"手机"，因其是可以握在手上进行通话的移动电话机而得名。世界上第一部移动通讯电话，在 1946 年由贝尔实验室制造出来。它过于庞大，只能放在房间的架子上，这样的体积当然不能批量生产，也不方便人们使用。在随后的发展中，AT&T 和摩托罗拉两家公司于 20 世纪 60 年代末期时开始展开对移动电话设备的研发工作。两家公司都有进行研发的设备基础和技术基础，其中，AT&T 公司就向客户出租一种可安在卡车上的移动无线电话，这种电话的体积也是有些过大。

手机问世

对于 AT&T 公司所使用的移动无线电话，摩托罗拉公司暗下决心，要设计出更完善的移动电话。于是，摩托罗拉公司首先向美国联邦通讯委员会提

❖ 手机

出规定移动通讯设备的功率申请。随后，该公司的马丁·帕库首先解决移动电话体积庞大的问题。1973 年，帕库设计出便携式的移动电话，这种电话尽管便于携带，体积仍有两块砖头那么大，不过已经体现了手机在研发过程中重大的进步。现代人普遍使用的具有现代意义的手机完成于 1985 年。

手机 3G 时代

手机更新换代是从 20 世纪八九十年代开始，当时人们普遍使用的手机为第一代手机，为模拟的移动电话（1G），受电池和天线以及集成电路等情况的制约，手机不便携带，因为样子像长方体，所以又叫"砖头"；随后，发展到 2G 时代，也就是现在最常见的手机，已经比第一代性能稳定，待机时间也开始变长，所服务的项目也多起来，比如彩信和上网以及 Java 程序；随后到来的 3G 时代，最大的特点就是结合了国际互联网。它的功能更强大，不仅可以处理多种媒体形式，还提供更多的互联网信息服务。现在，已经开始出现 4G 的手机。手机日益飞速的发展，渗透到人们的日常生活中，给人们的生活带来更多的便利。

❖ 手机

知识小链接

现在很多人都在使用智能手机。所谓智能手机是指掌上电脑和手机的合体，因为这种类型的手机除了具备手机最基本的通话功能之外，还具备掌上电脑的大部分功能。智能手机可以给用户提供足够大的屏幕尺寸和宽带，功能更多更强大。

关于"绿色手机"

❖ 智能手机

对于手机通话时所运用到的通讯技术，也是一代强过一代。第一代手机依靠不同的频率来区分不同的手机；第二代手机运用 GSM 系统，只要有极其微小的时差就可以区分；当手机越来越普及，频率资源开始呈现不足的状态时，就对新一代的手机提出更高的要求。发展到第三代，手机依靠 CDMA 技术来区分不同的手机。

而且，这种手机还被称为"绿色手机"，因为它除了通话质量好、保密性能高外，辐射变少。

❖ 通信公司的定制智能手机

■ Part4 第四章

记录画面的机器——录像机

当人们用照相机保存某一个画面时，又有新的创意开始出现：是否可以发明一种保存连续动态画面的设备呢？于是，录像机出现了。

最初尝试

1925 年电视机被发明后，人们开始考虑发明一种可保存动态画面的设备。由于有了电视机技术做基础，电视机发明人贝尔德首先尝试视频录像，并且成功。1928 年，他用 30 行机械扫描摄像机输入图像画面进行信号转换，将转化过来的音频信号刻录在唱片上，随后再将其连接到电唱机

❖ 录像机

和电视机，就可以看到录像画面了。由于技术不够细致，导致这种记录画面粗糙，而且，在播放录像画面时必须使用贝尔德的 30 行机械扫描电视机，这就决定这种录像设备的发展前景不大。随后，美国又出现了电子扫描电视机。由于扫描行数的提高，获得部分人的认可。

出现磁带录像机

1951 年，美国无线电公司看到磁带的技术发展势头较好，就想着发明一种磁带录像机。两年后，在宾克劳斯比研究所首先出现彩色多磁迹录像带和

播放系统，这种系统也存在着画面质量差的问题。又过了三年，世界上第一台实用的磁带录像机由安潘克斯公司研发出来，并投入生产。这种录像机采用 50 毫米宽的录像磁带，磁带移动速度为 380 毫米 / 秒，磁头转动磁带，磁带上记录声音、画面信息。一共有三个轨道，两个录制图像，一个录制声音。该录像机系统最先用于美国最大的电视演播室。从这之后，电视节目结束了只能现场直播的模式，可以提前录制，提高了电视节目的质量。美国电视台的成功运用，使更多的电视台蜂拥而至。因此，磁带录像机生产公司——安潘克斯公司声名大噪。

知识小链接

数码摄像机在 1998 年诞生，清晰度更高，色彩更纯真，可以无数次再次转录，不影响影像质量，而且体积小重量轻。这类摄像机要注意避免强光、避免温度过高或过低、需要防水防潮，以及防碰撞和摔伤等。

录像机的发展

随后的发展过程中，安潘克斯公司继续研制出更便于储存和携带的盒式磁带录像机。现在家庭普遍使用的小型家用录像机在 20 世纪 70 年代由荷兰著名的电器公司——菲利普公司推出，方便了人们的生活。随后，陆续又有更新更具有现代科技特点的录像机先后问世，越来越便利地为人们的生活提供了更高标准的服务。

❖ 录像机

Part4 第四章

发明**数码照相机**

数码相机在拍照之后能立刻看到图片，可以删除，可以冲洗，可以上传到电脑进行再次加工，诸多的功能得到人们更大的喜欢。

发明"CCD 芯片"

❖ 数码照相机

数码相机的出现紧随数码摄像机的步伐，因为它们同属于电子成像技术的运用。20 世纪 60 年代，美国航天技术飞速发展，展开探测月球工程。宇航局工程师发现由探测器传送回的月球信息信号，被宇宙中诸多射线所干扰，无法清晰接收。随后，在 1970 年，美国贝尔实验室发明了一种"CCD 芯片"，它具有将影像转化为数字信号的功能。这个消息被航天工程师得知后，应用到了"阿波罗"登月飞船，结果在其发送回的探测信息中，它排除干扰，使地面可以清晰接收到相应的探测数据。

最初的数码相机

时间发展到 1975 年，美国的史蒂文·赛尚在实验室中，用 CCD 传感器在存储介质中记录了一张孩子与狗的黑白图片，并在电视屏幕上进行显示，这是人类有记录的第一台数码相机获得的第一张数码照片。6 年后，日本知名影像设备企业——索尼公司发明了静态视频"马维卡"照相机，这种相机不再使用感光胶片，体现出它本身所具有的广阔市场。

数码相机之父

世界第一台数码相机在美国的柯达实验室研制成功，发明人是赛尚。因其对数码相机发展的杰出贡献，他被人们誉为"数码相机之父"。柯达实验室还确立了数码相机的一般模式。随后，日本东芝公司又发布了自己公司研发出来的 MC-200 数码相机，该相机的像素已经达到 40 万。随后，数码相机的像素成为研发的重要方向。

发展创新

科学技术的日新月异，数字技术的飞速提升是特征之一，其中的数码相机变化也很是突出。比如像素一再提高，变焦镜头可达十几倍，还可自动设定许多拍摄用参数。其中单反技术使照片质量更逼真清晰。从外形来看，越发小巧，越发时尚；防水防尘的多重保护设计，越来越切合消费者的需求。最关

❖ 数码照相机

键的一点是价格越来越平民化，所以，数码相机成为很多家庭中常备的数码设备。

第五章
意义深远的科技发明

时代向前发展，往往来自科技创新的推动。层出不穷的科技发明，总是带来划时代的意义。二极管、晶体管和集成电路这些电子器件的更新换代将人类带进数字化时代。这些科技发明都标志着人类对世界的认知越来越深，越来越远。

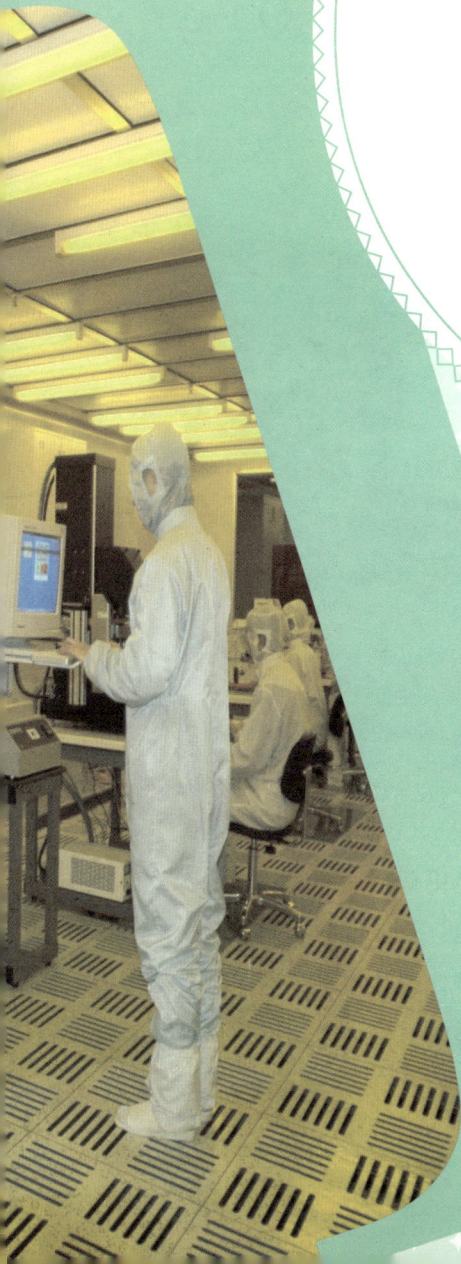

Part5 第五章

信息存储器——磁盘

人类文明之所以薪火相传，离不开记载传播的载体，不同历史时期有不同的载体形式，发展到现代电子信息时代时，新的形式又出现了。

磁带出现

第二次世界大战期间，德国纳粹头目希特勒对战争狂热的发言四处传播，为了将纳梓头子的发言传播到更广的区域，德国工程师开始研究磁带录音，本是为了政治目的而进行的研发改进，对音乐唱片市场却起到了推进作用。二战结束后，美国人把德国人的磁带录音技术用在了流行音乐领域。随后，荷兰人在此基础之上研发出轻便耐用的盒式录音带，并且迅速推广发展。随后，磁带不仅可以录音，还被应用在录像功能

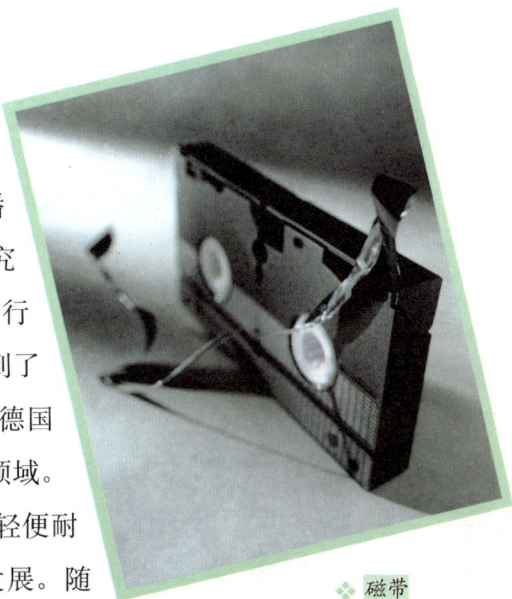
❖ 磁带

中。1956年，录像带在美国出现后，领域也从电视广播方面开始扩大，在科技文化，以及家庭娱乐市场，都占了一席之地。录像带的制作工艺中，不仅有二氧化铬包钴磁粉和金属磁粉制成的录像带，近几年来日本还制成微型镀膜录像带，并开发了钡铁氧体型垂直磁化录像带。录像带的更新换代使它从电视广播领域进入到了科学技术、文化教育、电影和家庭娱乐等领域。

关于 U 盘

随着现代社会电子信息产业的发展，记载电子信息的传播载体也得到了发展。第一个用于存储电子信息的 USB 闪存盘出现，是中国电子信息制造业取得的成就之一，因为设计研发的是中国朗科公司，由此公司获得了 U 盘基础性发明专利。该公司先后于 2002 年 7 月和 2004 年 12 月获得国家知识产权局正式授权并在美国国家专利局授权的闪存盘基础发明专利。U 盘即优盘，是一种存储电子信息的便携式移动存储器，它无任何机械式装置，但抗震性能极强。同时防潮防磁、耐高低温，安全可靠性也不错。

知识小链接

最近出现了网络硬盘服务。它是由网络公司提供的在线存储服务，是网络公司将其服务器的硬盘或硬盘阵列中的一部分容量分给用户使用。网络硬盘相当于放在网络上的硬盘或 U 盘，只要连接网络，就可以管理编辑网络硬盘中的文件，不必随身携带，更不怕丢失。

出现硬盘

在电脑日益普及的今天，和电脑连接使用着的硬盘就是它的信息存储器。最初出现的硬盘雏形是在 1956 年的 IBM，它的大小等同于两个冰箱，体积过于庞大显然是它的弊病，而且存储量小也是需要改进的地方。于是，该公司又在 1973 年推出了 IBM3340，它有两个 30MB 的储存单元。它的出现确定了硬盘的基本架构，随后需要改进的只是它的存储量。现在，电脑硬盘的空间容量飞速增长。作为电脑存储信息的构成部分之一，它多是被固定的，而且永久性地被密封在硬盘驱动器中。

❖ 硬盘

测力之秤——扭秤

重量是可以用杆秤等计重仪器测量出来的，而一些力学研究中使用的常数量，比如万有引力常数，也被一种神奇的仪器测量出来了。

库仑发明扭秤

❖ 扭秤

为了适应日益发展的航海事业，航海指南针中磁针存在的问题急需改良。1777 年，法国科学院发出悬赏。这时，一篇《简单机械的理论》引起人们的关注，文章作者库仑在进行研究时发现磁线扭转时的扭力和磁针转过的角度成比例关系，那么，应该可以就此而算出静电力或磁力的大小。扭秤就是在这种原理下发明出来的。这种能测量出非常小的力的装置，还使库仑得出电学中的库仑定律。库仑扭秤主要部分是一根金属丝，上端固定，下端悬挂有绝缘棒，小棒的一端是带电的小球，一端是不带电的小球，两个小球之间在带有一定电荷的情况下，绝缘棒运转，金属丝发生扭转，测量出扭转角度，就可以根据扭转定律算出外力。

再次试验

科学家牛顿提出万有引力定律之后，随后的科学家纷纷对这个万有引力到底是多少产生研究兴趣，其中最著名的就是英国科学家亨利·卡文迪许。1789 年，他设计出了测量万有引力的扭秤实验。他从孩子们用镜子反射太阳光的游戏受到启发。

他在扭秤两端分别放上质量不等的两个铁球，用坚实的钢丝挂好扭秤，钢丝上放上一面小镜子。首先确定好镜面反射出的光点，然后再用两个质量一样的铁球同时分别吸引扭秤上的铁球，扭秤因两个小球所受万有引力的不同而发生扭转，镜面中发射的光点会同时出现移动，利用这段移动的距离就可以算出这个万有引力的常数。

知识小链接

卡文迪许被誉为是第一个称量出地球重量的人。在卡文迪许的扭秤实验中，他测量出了万有引力常数 G 的数值，在这个数值的基础上，他第一个"称"出了地球的重量，地球的重量为 5.977×10^{24} 千克，将近 60 万亿亿吨。

扭秤的改进

在库仑和卡文迪许的实验之后，又有科学家对实验中所用的扭秤进行了改进。由于之前悬杆两端的重物只有水平距离，在库仑的改进下，重物之间还有了垂直距离，提高了扭秤的灵敏度，使扭秤的应用范围得到扩展。

❖ 扭秤

Part5 第五章

测量光谱的仪器——光栅

因为最初测量光谱的仪器结构简单犹如栅栏，所以简称为光栅。这种仪器在光谱研究和光波测量方面起着重要的作用。

❖ 光栅机

光栅类型

光栅是能产生衍射现象的光学器件，指任何能对入射光的振幅或相位作周期性空间调制的装置。它是一块刻有平行等宽、等距狭缝（刻线）的平面玻璃或金属片。光栅根据其调制量是入射光的振幅还是相位，可以分为振幅光栅和相位光栅；根据其工作方式分为透射光栅和反射光栅；根据结构可以分为平面光栅和立体（三维）光栅。

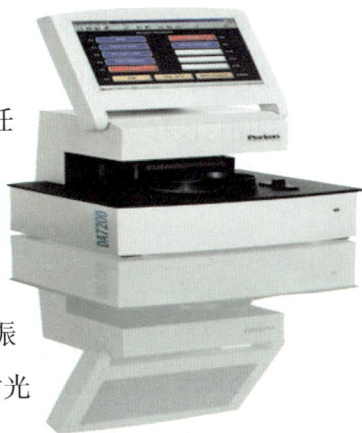

发明光栅

光栅的研究开始于 1821 年，由德国科学家夫琅禾费研制出来。最初的光栅结构简单，由密排细金属丝绕在两条平行细螺丝上制成。随后在 1882 年，美国物理学家罗兰制造出光栅刻线机，这种装置虽

知识小链接

我们平时所使用的相机中也有光栅。相机光栅结合数码科技与传统印刷能在特制的胶片上显现出不同的特殊效果。比如在平面上展示出栩栩如生的立体世界。但因为这种立体光栅制作成本较高，还没有广泛使用，一般用在知名人士或贵重物品的宣传包装上。

然是在面积很小的金属片上刻出成千上万条光栅，经过观察其拍摄的太阳光谱，非常精细，底片达到十几米。随后罗兰又发明出凹球面衍射光栅，编制出太阳光谱照相图册。关于光栅，还需要提到一位"光学大师"——美国人迈克尔，他在先前发明之上进行了相应的变动和改进，并且在光学研究领域建树颇多。

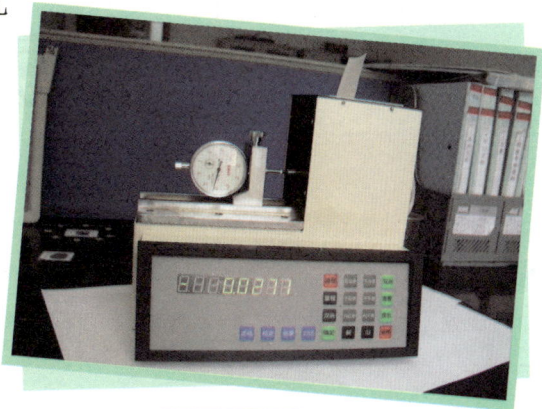
❖ 光栅式指示表

光栅意义

　　光栅在实验物理中有着非常重要的意义，因为它的出现，光谱可以被精确测量出来。光栅发明的动机是由于单色光可经单缝衍射形成明暗相间的条纹，再由条纹宽度计算光波波长，但单缝测量精度会有些偏差，于是多条等间隔的平行细缝代替较宽的单缝，形成光栅。

关于现代光栅

　　发展到现代，光栅开始在玻璃或金属片上用精密的刻画机刻画而成。现代光栅是光栅摄谱仪的核心组成部分。现代光栅的应用很多，如照相技术，印刷，还有基于光栅的设计软件，可以让平面的图像展现出 3D 般的效果。机床位移检测也会用到光栅技术来精确定位。

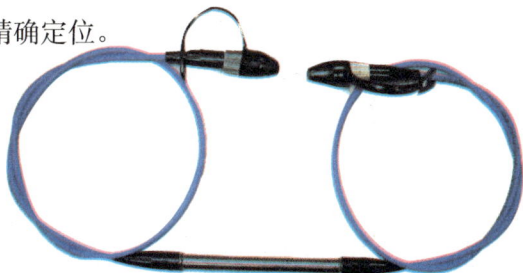
❖ 光纤光栅温度传感器

Part5 第五章

发明二极管

二极管只是一个简单的电子元件，但却是现代电子信息世界中日益飞速发展的重要基石之一。可以说，零件虽小，意义非凡。

爱迪生的发现

电子二极管的发明和大发明家爱迪生有着紧密的联系。爱迪生在发明碳丝电灯之后，发现碳丝灯泡虽然发光时间较之前的灯泡时间有所延长，但仍不理想。所以，爱迪生开始在密封的碳丝灯泡中，多加入一根电极，使它靠近灯丝，

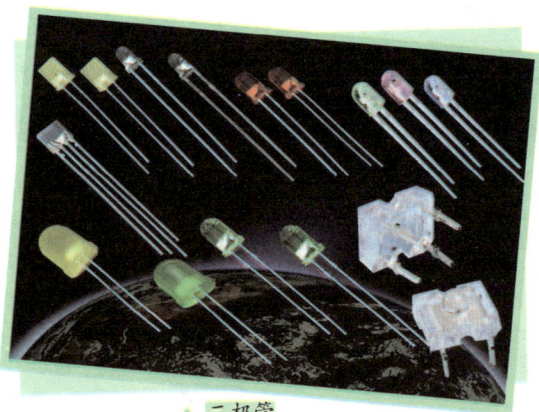

❖ 二极管

而当电流使灯丝发亮之后，这根电极竟然也有电流通过。经过进一步实验，这种现象只在与灯丝阳极连接时会出现。

弗莱明发明二极管

爱迪生就自己的这个发现和自己公司的技术顾问约翰·弗莱明进行了交流，而后者对这种现象产生了兴趣。随后约翰·弗莱明又参与了马可尼横跨大西洋的无线电报实验，他在改进无线电报接收机中的一个设备时，想起爱

迪生和他说过的那个发现，于是着手研究，在 1904 年的实验中发明出真空二极管。当时弗莱明在真空灯泡内又放上一个金属片，如果在真空灯泡里装上碳丝和铜板，分别充当阴极和屏极，则灯泡里的电子就能实现单向流动。经过多次实验，1904 年，弗莱明研制出一种能够充当交流电整流和无线电检波的特殊灯泡——"热离子阀"，从而催生了世界上第一只电子管，也就是人们所说的真空二极管。

知识小链接

现在很多舞台设计中都会使用到一种发光二极管，即 LED 灯管。这种灯管消耗能量小，不会闪烁，节能，使用寿命也长。最初这种二极管只能发出红色光和黄色光，经过研发，已经能发出蓝光和白光。而且现在的 LED 电视显示器就已经运用到了这种二极管。

意义非凡

真空二极管开启了一个新的电子时代，很多电子设备研发中都会借助到它。更重要的一点是，美国发明家德福雷斯特在二极管出现的两年后，又在其基础之上添加了一个金属丝网，于是，出现了三极管。而它的工作性能相比二极管，更为先进高速。随后，功能更完善的电子管不断被研发出来。

二极管

广泛应用

二极管之所以一经发明就迅速传播开来，是因为它在电子设备研发市场中有着重要的作用，比如可以整流电流、做开关、检波电路、稳压电路等。

Part5 第五章

云雾的房间——威尔逊云室

年轻的威尔逊在看到阳光返照云彩的景观之后，很是赞叹，心想是否能在实验室中再现这种景观。于是，展开了云室的研究之路。

最初的研究

❖ 威尔逊云室原理

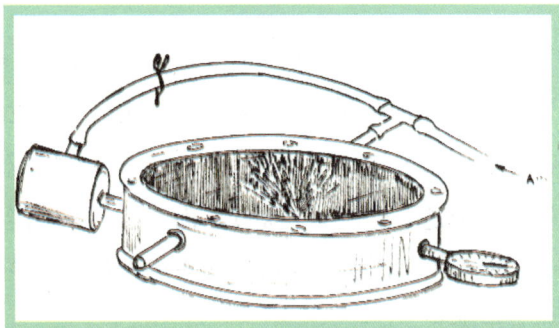

威尔逊是知名的云室物理研究学家，最初对云雾产生兴趣，源自于他曾经看到过的阳光返照云彩的奇景，于是开始展开对云雾形成的研究。在威尔逊之前，有一个叫爱肯特的人曾经展开过相关的研究。爱肯特在研究云雾时发现，只有在空气中存在尘埃时，才能使水蒸气附着形成云雾。而威尔逊对这一点产生了质疑，他觉得只要空气膨胀得足够大时，是可以不借助尘埃而形成云雾的。1895 年，威尔逊使用爱肯特的方法，首先使潮湿空气膨胀，然后放上光源，当光源照耀过来，彩霞随即出现。在这个实验基础之上，他又进行了没有尘埃的云室实验，发现了在这样的云室中存在着核粒不超过分子大小的凝结核心，有了它们的存在，可以不必借助尘埃而使云雾形成。

X射线穿过云室

在伦琴发现X射线后，英国卡文迪许实验室的汤姆逊教授开始研究X射线与气体导电之间的联系。威尔逊也对这种射线产生了兴趣，他使用了汤姆逊教授实验用的原始X射线管，将它利用在云室的研究之中。他发现，当X射线通过云室时，云雾效果与之前有些不同，会在几分钟之后

知识小链接

威尔逊云室在近代物理学的发展史中有着重要的作用，曾被誉为是"科学史上最妙不可言和新颖的仪器"。现在，云室一般用于宇宙射线的研究，是早期的核辐射探测器。后来人们又在威尔逊云室的基础之上发明出了更为灵敏的扩散云室。

才开始沉降。威尔逊推测，X射线的照射使空气中某些气体发生电离。他的研究结论为汤姆逊教授研究的气体导电找到了理论依据。随后的云室研究中，威尔逊一直想尽各种办法，不断扩充着自己的云室理论。到了1911年，威尔逊所发明的云室和云室方法越来越引起物理学界的重视，并且，威尔逊还用自己的云室照片证明亨利·布拉格关于X射线粒子性的分析的正确性。

云室研究在粒子物理学方面的重要性越来越明显。

云室威力

1927年，威尔逊因云室研究和康普顿一起获得当年的诺贝尔物理学奖。康普顿是因为在1923年做出量子解释却被人们质疑时，采用了威尔逊的云室方法对自己的理论加以佐证，而威尔逊也在使用自己

❖ 威尔逊云室中基本粒子运行轨迹

的云室来检测康普顿的理论，最后的研究结果惊人一致，威尔逊云室证实了康普顿效应的正确性。在获得诺贝尔物理学奖之后，威尔逊云室在全世界实验室得到认可和推广。

Part5 第五章

"千里眼"雷达

在现代战场上，雷达早已成为重要的探测设备，它通过发射电磁波对探测目标进行探测后反射，精确获得对方信息，战功卓著。

最初萌芽

❖ 雷达

雷达得以问世，是因为在一次美国海军进行无线电通讯试验时，位于河岸两侧的试验人员发现，最初接收器能清楚接收到对方信息，忽然出现一阵微弱信号，片刻之后又恢复正常。经过观察发现，信号微弱之时，正好河中有轮船驾驶而过，很显然，是这艘轮船使信号的接收出现问题。船只经过，正好发射过来的无线电信号会被它给反射回去。就是这个微小的契机，使试验的海军军官突发奇想，是否可以运用这一特点来搜索敌方战舰呢？

第一台雷达

英国人沃特森·瓦特于1934年进行无线电科学考察试验时，发现试验出现异常，无线电波出现亮点。瓦特随即对周围环境进行观察，发现是一些高大的建筑物反射了无线电信号。敏感的他立刻想到，可以利用这一特点进行飞行侦讯。当他把自己的想法向上级汇报时，英国空军部非常重视，立刻筹措资金着手研究。1935年3月，世界上第一台雷达配备成功，而随后的试验结果表明，完全符合沃特森的预想。随后，他又对雷达的一些设备进行改造，尤其是用荧光屏可显示观测结果这一点，替换掉了之前的信号接收装置。从此，检测结果可以直接从显示屏幕上观测到，这样的观测效果更加直观有效。

知识小链接

动物界中有一种会飞的"活雷达"——蝙蝠，它能采用回声定位的方式捕获猎物，和雷达有着异曲同工之妙。蝙蝠首先从喉咙之中发射出生物波，生物波在遇到昆虫或障碍物时会反射回来，蝙蝠接收到这些反射波，能迅速判断出探测目标到底是什么，彼此距离多远。

雷达的神通

雷达所起的作用类似眼睛和耳朵，它利用发射机向侦察空间发射出电磁波。这个侦察范围内的物体被电磁波辐射到之后会进行反射，而雷达接收天线在接受到反射回来的电磁波后，能进行数据分析，判断出探测物体的信息。

❖ 雷达

Part5 第五章

水下监视器——声呐

随着无线电波探测工作应用的范围越来越广，人们开始试图将其应用在海下探测，但结果不理想，于是开始寻找其他途径。

水听器

❖ 自动声呐技术

最初的声呐仪发明者是英国海军刘易斯·尼克森。最初发明的意图是探测航海过程中遇到的冰山。结果这种电波探测技术后来在第一次世界大战时应用于侦察潜藏着的潜水艇。虽然当时这种声呐只是被动听音，但已经代表着水下侦察工作的一次很大进步。战争结束后，法国和俄国共同合作，水下探测工作又取得成就，声呐探测由被动变为主动的设计，属于世界首次。而且，他们设计的这种设备对后人的设计起到了一定的影响。1917年，一位加拿大物理学家在接受英国发明协会的声呐项目时，经反复测试，认真研究，最终制造出一种原始型号的主动声呐——潜艇探测器。随后，美国研制出水下探测装置，正式命名为声呐。

工作原理

在声呐设计越来越完备的今天，声呐开始应用于更多的领域，而且还可以分为不同类别。其中主动声呐和被动声呐是根据声呐工作方式的不同划分而成。主动声呐由简单的回声探测仪器演变而来，大多运用脉冲体制，有时采用连续波体制，以主动发射声波"照射"目标，再根据回波测定所探测目标的各种数据。一般运用于探测冰山、暗礁、沉船、鱼群、水雷和关闭了发动机的隐蔽的潜艇；被动声呐是在简单的水听器基础上改进而来，这种声呐被动接收舰船等水中目标产生的辐射噪声和水声设备发射的信号，根据这些声波信号测定目标方位。不能发声暴露自己而又要探测敌舰活动的潜艇多运用这种被动声呐。

水下监视

❖ 声呐鱼群探测器

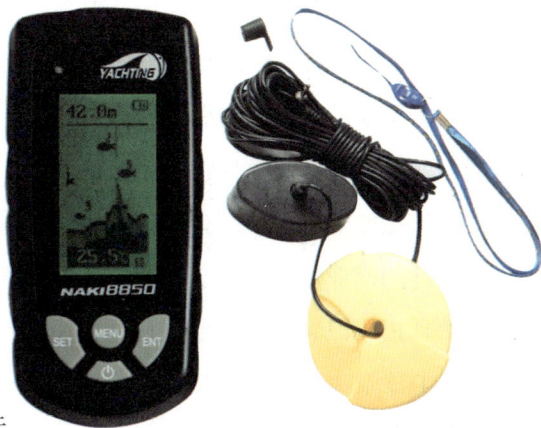

声呐用以声音导航与测距，利用声波在水下的传播特性，在水中进行探测工作。因为电磁波在水中的传播性能不好，不能用于水下侦测，所以声波探测成为运用最广泛的水下监视工作。声呐这种声波技术的衍生系统，可以对水下目标进行探测和导航，用以保证海上战场和空中战场各种战斗机和武器的使用。同时，声呐技术还广泛应用于航海业和渔业以及更多的海上作业，比如鱼雷制造、鱼群探测和海洋石油勘探，以及海底地貌勘测等。总之，声呐技术的多方面运用满足了社会日益发展的需要，促进了现代科技的进步。

■ Part5 第五章

发明半导体

晶体管收音机曾经被人们称作半导体，是因为它用到了电阻率界于金属与绝缘体之间的导电材料，这种材料才是真正的半导体。

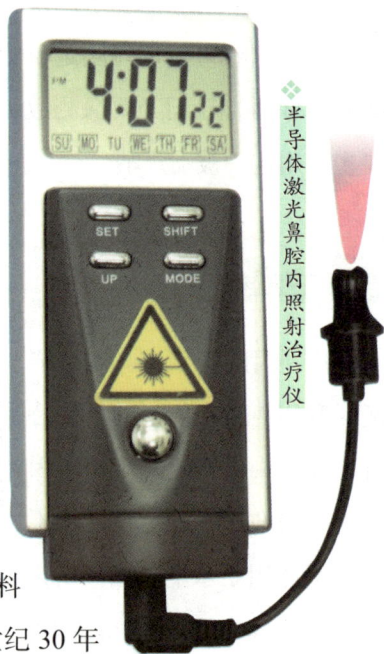

半导体激光鼻腔内照射治疗仪

性能简介

以导电能力来区分材料，是物理学经常运用的方法。其中按照导电能力不同，可分类为导体、半导体和绝缘体。一般情况下，金属的导电能力最强，电阻率最低；绝缘体能隙大，电阻率最高，无法导电；而半导体导电能力就是介于这两类材料之间，常见的半导体材料比如硫化银、硫化铅和硒以及硅等，其中硅的商业用途最广。发现半导体材料略晚，而真正认识到它的重要性更是在 20 世纪 30 年代。随着半导体材料提纯技术提高，它才开始被人们认可。

四个特征

第一个注意到半导体现象的是英国科学家法拉第。金属的电阻都是温度升高时，电阻也相应增加，而法拉第在 1833 年的一次试验中观察到和这种现象大相径庭的结果：硫化银随着温度上升电阻降低。这个特性也是半导体很半导体广泛应用于无线电收音机和电视机中，一般作为讯号放大器用；现在发展应用在太阳能和光电池上，同时，半导体可以用来测量温度，由于它的测温能力准确稳定，所以应用在生产、生活、医疗卫生和科技教学等方面。

重要的一个特性。随后半导体第二个特性由法国的贝克莱尔在 1839 年观察到，在光照下，半导体和电解质接触形成的结会产生电压，即光生伏特效应。半导体第三个特性光电导效应，由英国的史密斯于 1873 年发现，在光照下硒晶体材料电导增加。第四个特性是在 1874 年观测到半导体的整流效应，由德国的布劳恩和舒斯特分别观测硫化物、铜与氧化铜时发现。四个特性陆续发现之后，1911 年，考尼白格和维斯首次为半导体命名。1947 年，贝尔实验室总结出半导体的四个特性。

飞速发展

半导体这种特殊材质的研究越来越深入之后，研制和开发工作紧随其后。针对众多的半导体电子器材，人们按照不同途径对其进行分类，按照制造技术不同，划分为集成电路器件、分立器件、光电半导体、逻辑 IC、模拟 IC、储存器等；根据其所处理的信号，分成模拟、数字、模拟数字混成等。自然界中的半导体材料也可以按照化学成分的不同进行分类，分为元素半导体和化合物半导体。

随着半导体制作成晶体管之后，由于其通过结构与材料上的设计可达到控制电流传输的特性，半导体材料至今已在电子技术中广泛应用，为电子工业的推陈出新做出了巨大贡献。

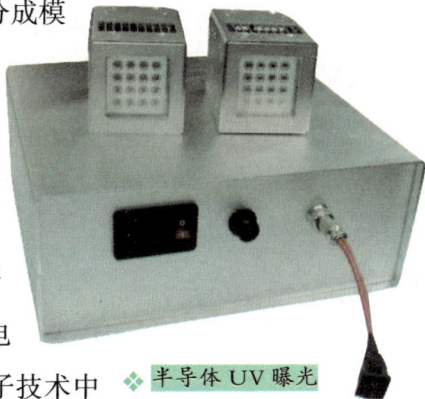

◆ 半导体 UV 曝光

■ Part5 第五章

发明"埃尼阿克"

世界上第一台现代电子计算机"埃尼阿克"在 1946 年 2 月时首次亮相，重达 30 吨的庞然大物以出色的计算速度惊艳世人。

演化过程

❖ 埃尼阿克

人类文明的发展中有一门重要的课程——数学，这门学科已经有 2000 多年了。最早使用的计算工具有中国人发明的算筹、算盘等。算盘在很长时间内都是人们用来计数的重要工具。随着科学化进程的进一步开展，制造出能自动运算并进行数据处理的机器成为人类的期望。1642 年，手摇计算机出现。这种计算机能做加减法，由法国数学家帕斯卡研制成功。这种计算机的设计思路对以后的研究起到了一定的引领作用，尤其是在自动化和半自动化计算机方面。随后，在 1822 年，差分机出现，它是英国数学家巴贝奇设计的一种具有提高乘法速度的机器。

埃尼阿克

真正具有划时代意义的计算机器是在 1946 年出现的。这年 2 月，埃尼阿克计算机——人类历史上第一台现代电子计算机在世人面前亮相。在美国宾夕法尼亚大学举办的揭幕典礼上，埃尼阿克计算机不仅以重达 30 吨的形象惊人，其"绝招"也同样惊人，它在一秒钟内可进行 5000 次加法或 500 次乘法运算，这样的运算速度是之前运算速度的 20 万倍。

重大使命

埃尼阿克计算机不仅外形看起来是庞然大物，内部构造也是让人眼花缭乱，上万个电子元件，50 万个电路焊接点。运行时的耗电量达 150 千瓦 / 时，这样的运行之下，差不多一小时会烧坏四只电子管。只是卓越的运算能力使人忽略了它的这些缺点，毕竟它照亮了未来电子行业的前景。随后，它开始在很多科研领域施展自己的技能。第一颗原子弹研制中就有它的一份功劳。现在埃尼阿克计算机保存在华盛顿的一家博物馆。

❖ 埃尼阿克

继续改进

埃尼阿克电子计算机的缺点，在其诞生之前，就有人预料到了。冯·诺依曼带领自己的研制小组，在解决这些不足的基础上，设计出更完美的新型电子计算机——"离散变量自动电子计算机"。冯·诺依曼在陆续展开的新型计算机研究中，还提出了二进制和存储程序的设想，而这正是现代计算机理论体系的重要组成部分。

Part5 第五章

发明晶体管

在现代电器的制造中，晶体管是一种被广泛使用的器件，它被认为是现代历史上最伟大的发明，推动了数字化浪潮的到来。

出现原因

晶体管是一种固体半导体器件，在它出现之前，电子技术领域中主要依靠电子管。在长时间的使用中，电子管越来越显出它的不足，能量消耗大，使用时间短，工作噪声大等缺点，使人们迫切想找到替代物。随后半导体走进人们的视野，尤其是半导体制造的器件——微波矿石检波器曾在第二次世界大战中发挥出色，再加上半导体的几个特点渐渐被人们熟知，人们开始思考是否可以用它来替代电子管。

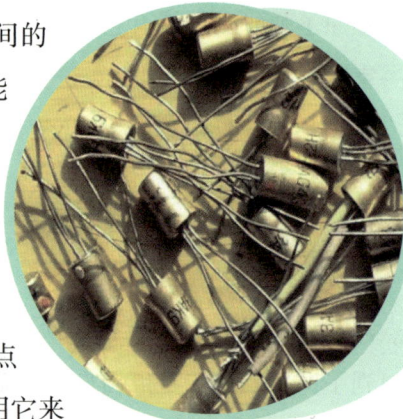
❖ 晶体管

改进设计

美国贝尔实验室首先成立了研究小组，着手于半导体的导电性能的研究，希望有所突破。该小组从1945年成立到1947年，短短两年内世界上第一个半导体三极管就被小组核心领导人巴丁和布拉顿研制成功。这种晶体管又叫作点接触型晶体管，因为它用金属丝尖端接触在半导体晶片上。研究小组没有停下研究的步伐，三年后，又研究出面结型晶体管。因为研究小组的杰出成就，1956年的诺贝尔物理学奖颁给了这个研究小组。

知识小链接

纳米和厘米、分米和米一样，都是长度度量单位，因为不能以肉眼察看，所以对它的概念不清楚。1米等于10亿纳米，人的一根毛发大约为9万纳米，如果设想最初发现的第一个晶体管大到可以握在手中，那么现在使用的晶体管，几百个才等同于一个红血球细胞的表面积。

巨大作用

1954年开始，晶体管开始试水商业化设备市场。首先应用在助听器和电话设备上，市场反馈的信息更加拓宽了晶体管的使用范围，任何有插座或电池的设备中都可以使用。于是，世界主要工业国家开始斥巨资研究晶体管和半导体器件。晶体管的出现开辟了电子器件的新纪元，掀起新一波的电子技术革命。它的出现，迅速取代了电子管在电子技术领域的首要位置。

晶体管微型化

根据有关理论，晶体管的性能高低与其尺寸大小有关。因此，整个晶体管研究的方向开始朝微型化发展。其中比较有代表性的发明，有美国制成一种大小接近一纳米（十亿分之一米）的晶体管，而英国也制造一种超小型晶体管，这种晶体管只有一个原子厚、十个原子宽，它用世界上最薄的材料——石墨烯制造而成。随着晶体管微型化的趋向，科学家开始考虑在更小的空间内容纳更多的晶体管，使它发挥出更大的作用，这样就催生了集成电路时代的到来。

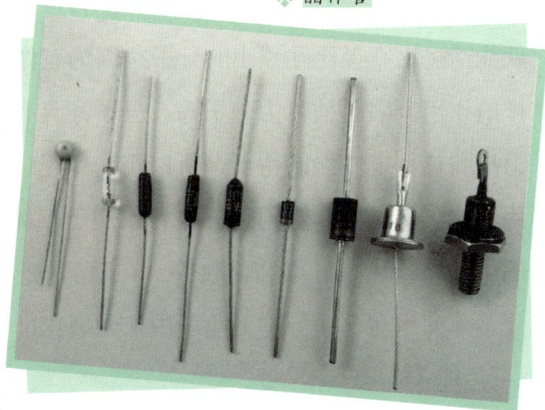

❖ 晶体管

Part5 第五章

过滤分子的筛子——分子筛

分子筛，顾名思义，就是过滤分子的筛子，分子是物质中能独立存在并保持该物质一切化学特性的最小微粒，那么，到底是怎样的物质能过滤它们呢？

关于定义

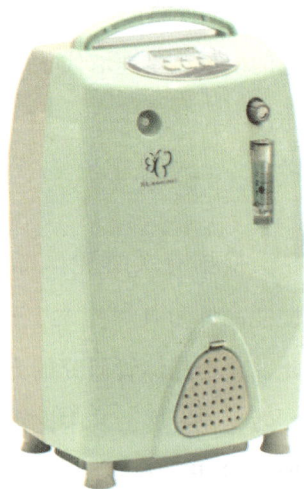

❀ 分子筛制氧机

分子筛是结晶态的硅酸盐或硅铝酸盐，因其结晶体内有分子尺寸大小的孔道和空腔体系，因此，可以用它来筛选混合物中的分子。用它进行筛选，就能筛选出直径比孔径小的分子。因为有像筛子一样的作用，因此被称为分子筛。分子筛具有吸附能力高和热稳定性强的特点，所以用途广泛。既可以用在化工上做固体吸附剂，也可以用于气体和液体的干燥、纯化、分离和回收等。在随后的发展中，分子筛又用在石油炼制工业，用来做裂化催化剂。

具体分类

分子筛也叫泡沸石或沸石，可以分为天然沸石和合成沸石。其中天然沸石多在海洋和湖泊中出现，大多由火山凝灰岩和凝灰质沉积岩在海洋湖泊环境中发生反应而成。美国、日本和法国等在陆续探寻沸石的过程中，共发现多达上千种的天然沸石矿，其中比较重要的有 30 多种，中国后来也有所发现。不过这些天然沸石毕竟有限，当人类意识到这一点时，就开始着手人工合成沸石的研究。

制氮碳分子筛

碳分子筛是 20 世纪 70 年代发展起来的一种新型吸附剂。最先在美国制造成功，随后在部分国家得到推广和应用。最初，发明碳分子筛是为从空气中分离氧气的吸附剂，后来使用时，又应用在制取氮气的装置上。制氮碳分子筛采用的制氮工艺比传统制氮工艺投资少，见效快。到七八十年代，氮气需求量越来越大，也促使了变压吸附制氮技术的日趋成熟，而制氮分子筛是工程界首选的变压吸附制氮中的吸附剂，所以，变压吸附制氮所占的市场份额越大，变压吸附用的碳分子筛的需求就越高。目前，在此项技术上处于世界领先地位的是美国、日本和德国等。

分子筛应用

❖ 日本进口分子筛

中空玻璃分子筛是另外一种用途较广的分子筛，一般用于双层玻璃夹层中空气的干燥。它是一种结晶态铝硅酸盐矿物球粒。除了干燥剂的作用，它还有抗凝霜和清洁作用。最关键的一点是中空玻璃分子筛的环保作用。因为中空玻璃分子筛可以循环利用，既减少成本投入，反复使用也不会危害环境。

集电路之大成——集成电路

> 从最初庞然大物的"埃尼阿克"计算机到现在便于携带、功能更多的掌上电脑，这期间飞跃性的发展离不开集成电路研发的相关推进。

❖ 集成电路

集成电路简介

集成电路又叫微芯片或芯片，是一种把电路小型化的方式。集成电路把晶体管、电阻、电容和电感等这些组成电路的元件组合在一块很小的晶片中。因为集成电路有着良好的性能，同时具有体积小，可靠性强等优点，并且制造成本低，适合于大规模生产。因此一经研发出来，应用范围就越来越广，在多种工业、民用电子设备再到军事、通信以及遥控等领域均发挥出重要作用。

❖ 集成电路

研发原因

任何科技发明最初都会以其优越的性能而备受人们关注，随后广泛应用，不过在使用过程中，这些科技发明的不足也会随时代的进步而凸显，不过，这些不足会使走在科技前沿的技术人员展开新一轮的研发热潮，晶体管就是这样。20 世纪 40 年代晶体管出现后，以其优于二极管的多种性能而被人们广泛认可。不过如果用它来组装高速计算机，问题就出现了，用晶体管组装的话，设备会太笨重，工艺会太繁复，制造难度太大。因此，人们开始寻求新的替代品。

知识小链接

集成电路的面积以平方毫米计算的话，每一个单位量内可以有上百万个晶体管。同时，根据芯片上微电子器件的数量，可以分为小规模集成电路、中规模集成电路、大规模集成电路、超大规模集成电路、甚大规模集成电路。

最初出现

集成电路的设想最初由美国工程师基尔比提出。他为了解决晶体管存在的问题，开始研发一个相位转换振荡器的简易集成电路。在这个集成电路中，组成电路的电阻、电容、晶体管

❖ 集成电路键盘

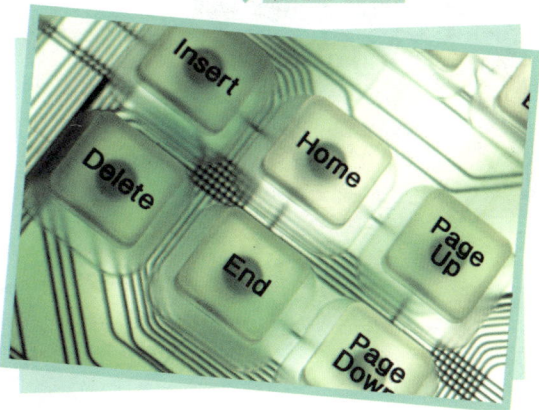

等元件被集中安置在半导体单片中。基尔比在 1958 年将自己的设计思路研制出来，这是世界上第一块集成电路，众多的电子元件安装在半导体硅板上，面积很小，但功能不少。因为这个发明，基尔比获得诺贝尔奖。同时，

❖ 键盘

这个集成电路也是 1971 年研制的世界第一个计算机微处理器的雏形。几个月后，美国仙童公司也发明了集成电路，这些发明共同开创了世界微电子学的历史。

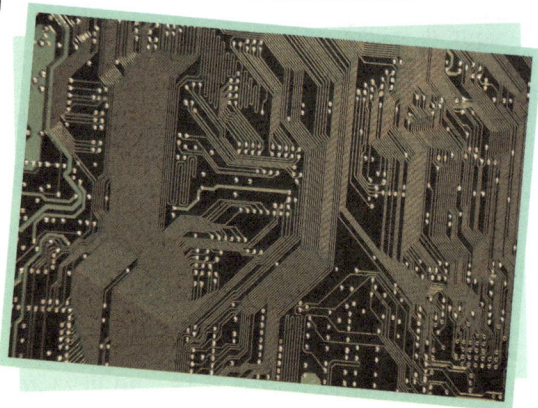
❖ 集成电路键盘

广泛应用

这些年来，集成电路一直在向着更小的外形尺寸发展，这样可以使每个芯片上安置更多电路。于是，越来越多的电路以集成芯片的形式不断涌现。从研制成功到现在，集成电路已经无处不在。无论是电脑，还是手机，甚至其他数字电器，都离不开集成电路。它以优越的性能、均摊的成本、较高的可靠性，已经成为现代社会结构中不可缺少的部分。

❖ 键盘